JN026765

改訂版 位相反転型
エンクロージャの設計法

永久保存版 低音再生のための手引き

田中 和成

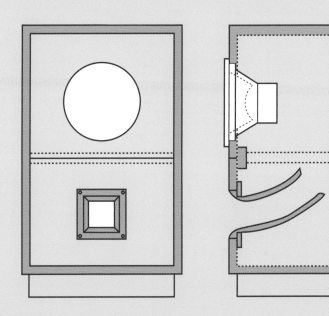

誠文堂新光社

筆者宅オーディオルームのリスニングポイントから見たシステム．写っているサブウーファシステムは設計例3〜5．
左端の TT500 エンクロージャ + JBL 2235H は設計例5．
上の段ボール箱は定在波の影響を減少させるのに有効．

超低域特性を重視した
マルチウェイスピーカーシステム

上の写真の反対側．手前の青い椅子の位置がリスニングポイント．部屋は広さ15畳（正味13.5畳），天井高は最大3.6mの簡易防音室．奥の青い椅子の前に置いてあるのはタスカム2488MkⅡ，マルチトラックレコーダ．

リスニングポイントの後ろには小部屋があり，録音時のコントロールルームにする予定であったが，結果は工作室兼書庫兼倉庫として使用．

サイドのサブスピーカーシステム

右側が設計例2のJST200エンクロージャ＋JBL 2226H.
撮影当時はベースアンプ兼ギターアンプ用スピーカシステム
として利用していた．上に乗っているのはヤマハBBT500H
＋PX10＋パイオニアS-X20＋CSE-IP3000.
左側は録音用音源に利用もしているカラオケシステムで，上
からDAM-XG5000R，ヤマハCDR-HD1300，ローランド
JC-120.

メイン左スピーカーシステム

写真左・設計例5のTT500エンクロージャ＋JBL 2235H.
　中上・スーパートゥイータはパイオニア・カロッツェリア TS-ST910.
　中中・ヤマハ NS-1000X（改）.
　中下・設計例3のVT50エンクロージャ＋パイオニア・カロッツェリア TS-W252PRS.
　右上・サブウーファ用パワーアンプ　PSオーディオ M-700 × 2.
　右下・設計例4のJT140エンクロージャ＋パイオニア・カロッツェリア TS-W3000C.
NS-1000Xは内部配線材をすべて交換したのをはじめ，入力端子交換，パッキン交換など改造している.

設計例 1　169 リットル・エンクロージャ＋フォステクス W300A
設計例 2　210 リットル・エンクロージャ＋ JBL 2226H

設計例 2 の JST200 エンクロージャ＋ JBL 2226H.
ダクトを取り付けたまま下側バッフルを取りはずし
た状態. 奥行き内寸の関係で, ダクトは大きく曲げ
ざるを得なかった.

設計例 1 の TT170 エンクロージャ＋フォステクス W300A.
下側バッフルとダクトを取り外した状態.
他の設計例もダクトは全て固定用の鍔（flange）がついた状
態で取りはずすことができるようになっている.
なお, この設計例 1 はオーディオルーム内に設置場所が確保
できず, 別室に保管してあるため, 写真が少なくなった.

設計例3　46.2リットル・エンクロージャ＋パイオニア TS-W252PRS
設計例4　137 リットル・エンクロージャ＋パイオニア TS-W3000C
設計例5　513 リットル・エンクロージャ＋ JBL 2235H

設計例3の VT50 エンクロージャ
＋ TS-W252PRS.
ダクトを取り付けたまま下側バッフル
を取り外した状態.
エンクロージャ内部の反射板に注目.

設計例4の JT140 エンクロージャ
＋ TS-W3000C.
取り外したダクトの後ろに写って
いるエンクロージャ内部の反射板
に注目（見えにくいが）.

設計例5の TT500 エンクロージャ＋ JBL 2235H.
この設計例は写真からわかるとおり，下側の丸穴を塞ぐ板
にダクトを取り付ける構造になっている．撮影の後，空気
漏れ対策を施した.

CD をメインとしたマルチチャンネル再生システム

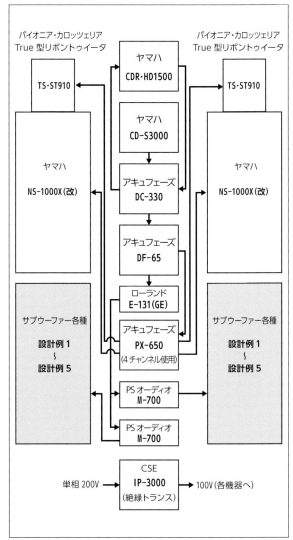

E-131（31 バンドグラフィックイコライザー）は，各サブウーファシステムの特性差の補正と，部屋の定在波による低域のあばれを補正するための必需品である．

PX-650 は当初 6 チャンネル使用していたが，余裕のある動作をさせるため 4 チャンネル使用とし，サブウーファ用として小型，軽量，高出力のモノラル・パワーアンプ M-700 を 2 台導入した．

各機器の接続は，電源ケーブルとアナログ・バランスケーブルについてはすべて自作品を用いるとともに，デジタルケーブルはトスリンクケーブル（オルトフォン OPT-100）を使用し，アースループを完全になくしている．ちなみに接地抵抗値は 4 Ωである．

IP-3000 はラックの後ろ側に設置してあるので，写真では見えない．

改訂版まえがき

　「R＆K型スピーカ」と呼ばれる，コーン型振動板を持つ最初の動電型スピーカユニットが創案されたのは，1925年のことである．高い普遍性を持つその基本構造は変えようがなく，今日に至っている．

　一方，1930年に創案された位相反転型エンクロージャも唯一実用になる低音再生用のエンクロージャとして，その基本構造は変えようがない高い普遍性を持っている．だが動電型スピーカユニットほどにはその高い普遍性が認知されておらず，しかも，筆者が調べた限り具体的な理論設計法が明示された書籍は，2008年刊行の拙著『位相反転型エンクロージャの設計法』以外に見当たらない．

　このたびその拙著，『位相反転型エンクロージャの設計法』の改訂版を刊行する運びになった．内容は新たな知見に基づく設計理論の改訂とともに，元版に掲載した設計例の改造・改良型を含んでいるものの設計例を増やすなど，少しでもわかりやすく，設計もしやすくなるよう努めたものであり，より実用的内容になったと自負している．

　なお，元版のとき以上に誤りや不適切な点がないよう注意したつもりだが，厚かましく再び読者諸姉兄のご教示をお願いする次第である．

田中 和成

目次 contents

本書で用いている主な記号とその意味

　本書における単位表記は国際単位系（SI），およびその併用単位による表記としているのだが，文章中や表中においては便宜上，他の単位系と混用しており，ご了承いただきたい．また数値に関しては，今日，容易に入手可能な卓上計算機によって桁数の多い複雑な計算も簡単にできるようになったことから，原則として6桁目を四捨五入している．一部に実用的な丸め込みをしているところがあるのだが，その場合は過程を明確にしておいたので参考にされたい．

　それではまず本書において用いている主な記号とその意味について列挙しておく．

a　　スピーカユニット振動板の実効振動半径

B_a　システムとしての空気付加質量の質量付加率

B_d　吸音材による空気付加質量の変化率

B_e　ダクト開口面積拡大率

c　　大気中の音速

c_{0o}　スピーカユニット単体における振動系のコンプライアンス

c_{0s}　コンプライアンスの基準値

E　　測定電圧

f_0　　スピーカユニット単体での最低共振周波数

f_{0c}　システムとしての最低共振周波数

f_a　　スピーカユニットからの音波が球面波領域から平面波領域へ移る境界の周波数

f_r　　位相反転型スピーカシステムにおける共鳴周波数

f_t　　位相反転型スピーカシステムにおけるチューニング周波数

f_{rd}　筒状で有限長のものが持つ固有の共鳴周波数

f_{th}　チューニング周波数の上限値

f_{tl}　チューニング周波数の下限値

f_{ts}　チューニング周波数の最適値

G　　矩形（または楕円形）ダクトの見なし長さ短縮率

G_d　吸音材による見なし長さ短縮率

K　　矩形（または楕円形）ダクトの面積減少率

L　　ダクトの機械的長さ

L_d　エンクロージャの奥行き内寸

L_e　ダクトの等価長さのことで，LとL_i，およびL_oを合計したもの

L_f　ダクト開口端とバッフル板の縁との距離

L_i　L_{ir}とL_{im}の合計

L_{im}　ダクト内側端における仮想振動板に対する空気付加質量を長さに換算したもの

L_{ir}　ダクト内側端において平面波が球面波になるのに要する等価的な距離

L_o　L_{or}とL_{om}の合計

L_{om}　ダクト外側端における仮想振動板に対する空気付加質量を長さに換算したもの

L_{or}　ダクト外側端において平面波が球面波になるのに要する等価的な距離

L_{up}　スピーカユニット振動板とダクト内側端との最短距離

m_0　スピーカユニットを無限大バッフルに取り付けたとした場合における振動系実効質量

m_{0a}　自由空間におけるスピーカユニットの振動系実効質量

m_{0c}　システムとしての振動系実効質量

m_{0s}　m_0の基準値

m_a	空気付加質量
m_d	ダクトの等価空気質量
$m_{d\,max}$	ダクト等価空気質量の最大値
$m_{d\,min}$	ダクト等価空気質量の最小値
m_{ds}	ダクト等価空気質量の最適値
m_s	スピーカユニットの振動系機械質量
Q	アンプや接続ケーブルなども含めたシステムとしての最終的な共振峰先鋭度
Q_0	スピーカユニット単体における総体的共振峰先鋭度
Q_{0c}	システムとしての共振峰先鋭度
$Q_{0c\,max}$	Q_{0c} の最大値
R_{DC}	スピーカユニットにおけるボイスコイルの直流抵抗
r	ダクト開口面積から計算される等価半径
r_t	ダクトを複数としたときの全体としての等価半径
S_b	バッフル板の面積
s_{cd}	ダクトから見たエンクロージャ内空気のスティフネス
s_{cs}	スピーカユニットから見たエンクロージャ内空気のスティフネス
S_d	ダクトの開口面積
S_{de}	ダクトを複数とした場合の一つの開口面積
S_{dh}	f_{th} におけるダクト開口面積の最適値
S_{dl}	f_{tl} におけるダクト開口面積の最適値
S_{ds}	f_{ts} におけるダクト開口面積の最適値
S_{dt}	ダクトを複数とした場合における合計の開口面積
$S_{d\,max}$	ダクト開口面積の最大値
$S_{d\,min}$	ダクト開口面積の最小値
s_0	スピーカユニット振動系のスティフネス
s_{0s}	c_{0s} から計算されるスピーカユニット振動系のスティフネス
SPL	スピーカユニットの出力音圧レベル
S_u	スピーカユニットの実効振動面積

s_0	スピーカユニット振動系のスティフネス
t_b	バッフル板の厚さ
V	エンクロージャの内容積
V_d	ダクトの等価体積
V_{max}	エンクロージャ内容積の最大値
V_{min}	エンクロージャ内容積の最小値
V_r	実際に決定されたエンクロージャの実効内容積
V_{ra}	スピーカユニットから見た見かけ上のエンクロージャ実効内容積
V_{rad}	ダクトから見た見かけ上のエンクロージャ実効内容積
V_s	エンクロージャ内容積の最適値
V_u	スピーカユニットの振動板と一体になって振動する空気量
Z_{max}	スピーカユニットのボイスコイルインピーダンスの最大値
Z_{min}	スピーカユニットのボイスコイルインピーダンスの最小値

α	スピーカユニット振動系のスティフネスと,スピーカユニットから見たエンクロージャ内空気のスティフネスとの比
α_{max}	α の最大値
α_{min}	α の最小値
α_r	実際に決定された α の値
α_s	α の標準値,または最適値
β	ダクトの機械的長さを求めるための係数
η	質量付加率 B_a を求めるための媒介変数
λ	音波の波長
ρ_0	大気密度

参考文献（順不同）

（1）『音響工学原論』上下，伊藤毅著，コロナ社

（2）『基礎音響工学』城戸健一編著，コロナ社

（3）『応用電気音響』中島平太郎編著，コロナ社

（4）『音響工学』上下，H.F. オルソン著，無線従事者教育協会近代科学社

（5）『音響工学概論』早坂寿雄著，日刊工業新聞社

（6）『スピーカとスピーカシステム』阪本楢次著，日刊工業新聞社

（7）『スピーカシステム』上下，山本武夫著，ラジオ技術社

（8）『ハイファイスピーカ』中島平太郎著，日本放送出版協会

（9）『最新オーディオ技術』加銅，藤本，島田，君塚共著，オーム社

（10）『オーディオの基礎知識』加銅鉄平著，オーム社

（11）『オリジナルスピーカ設計術，こんなスピーカ見たことない』長岡鉄男著，音楽之友社

（12）『スピーカに強くなる』1，2，3，4，音楽之友社

（13）『新版楽器の音響学』安藤由典著，音楽之友社

（14）『音のなんでも小事典』日本音響学会編講談社

（15）『音の歴史』早坂寿雄著，電子情報通信学会

（16）『音の百科』松下電器音響研究所編，東洋経済新報社

（17）『音質のすべて』厨川，遠藤，茂木共著，誠文堂新光社

（18）『オーディオの一世紀』山川正光著，誠文堂新光社

（19）『最新 HiFi スピーカとその活きた使い方』山本武夫監修，誠文堂新光社

（20）『ホーン型同軸型スピーカシステム研究』無線と実験編集部編，誠文堂新光社

（21）『マルチアンプシステム研究』無線と実験編集部編，誠文堂新光社

（22）『スピーカ＆エンクロージャ百科』佐伯多門監修，誠文堂新光社

（23）『新版スピーカ＆エンクロージャ百科』佐伯多門監修，誠文堂新光社

（24）『ホーンスピーカ設計製作法』新井悠一著，誠文堂新光社

（25）『オーディオクラフトマガジン』No2. No7. 誠文堂新光社

（26）『オーディオ用測定器と測定技術』加銅鉄平著，誠文堂新光社

（27）『リスニングルームの設計と製作例』，誠文堂新光社

（28）『オーディオ再生技術』加銅鉄平著，誠文堂新光社

（29）『オーディオデータ便利帳』加銅鉄平，山川正光共著，誠文堂新光社

（30）『オーディオ音質改善テクニック』MJ 無線と実験編集部編，誠文堂新光社

（31）『音質アップグレード100』，誠文堂新光社

（32）月刊『MJ 無線と実験』各号，誠文堂新光社

（33）月刊『ラジオ技術』各号，ラジオ技術社，アイエー出版

（34）月刊『stereo』各号，音楽之友社

（35）季刊『ステレオサウンド』各号，ステレオサウンド

（36）『クラフトハンドブック，スピーカクラフトマニュアル』Vol.1，2，3，フォステクスクラフト

（37）『The Loudspaker Design Cookbook』6th & 7th Edition，V.Dickason 著，Audio Amateur 社

（38）『プロ音響データブック』八板賢二郎監修，リットーミュージック

（39）『音響映像設備マニュアル』リットーミュージック

（40）『換気扇総合カタログ』東芝

（41）『換気送風熱交設備総合カタログ』松下電器産業

（42）『換気送風機総合カタログ』三菱電機

（43）『スピーカー＆エンクロージャー大全』佐伯多門著，誠文堂新光社

（44）『スピーカー技術の100年　黎明期〜トーキー映画まで』佐伯多門著，誠文堂新光社

（45）『スピーカー技術の100年Ⅱ　広帯域再生への挑戦』佐伯多門著，誠文堂新光社

第 1 章

スピーカユニットの
規格を求める

1-1 スピーカユニット単体での
インピーダンス特性

本書において述べられているエンクロージャ設計法を進めて行くには，用いようとするスピーカユニットの規格のうち，次に示す規格が明らかになっている必要がある．

総体的共振峰先鋭度 ： Q_0
振動系等価質量 ： m_0 〔kg〕
最低共振周波数 ： f_0 〔Hz〕
実効振動面積 ： S_u 〔m²〕
または，
その等価半径 ： a 〔m〕
公称インピーダンス ： Z_{min} 〔Ω〕
出力音圧レベル ： SPL 〔dB/W/m〕

このうち，出力音圧レベルと公称インピーダンスは，エンクロージャの設計という観点からは直接必要になる規格ではないのだが，間接的には必要となるものであり，また再生システムの構築という大局的観点からも必要である．

これらの規格は，取扱説明書やカタログで調べるのだが，それらがなかったり，あっても規格が明示されていない場合は，販売店や製造元に問い合わせて教えてもらわなければならない．それでも明らかにならなければ，そのスピーカユニットを入手して測定することになるのだが，具体的な測定法は後述するとして，まず取扱説明書やカタログに表示されている規格の測定条件を認識しておく必要がある．

前記規格のうち Q_0，f_0 は通常，自由空間における測定値であり，m_0 はスピーカユニットを無限大バッフルに取り付けたとした場合の値がカタログに表示される．公称インピーダンスについては，自由空間において測定されたインピーダンス特性から読み取った，最低共振周波数以上の周波数領域における最も低いインピーダンス値 Z_{min} が，わが国で一般的に採用されている値であり，本書においてもそれを用いることにする．

次に，SPL は当該スピーカユニットを**第1-1-1図**に示すJIS標準箱（密閉型）に取り付けたうえ，無響室において1Wの電力を加えたとき，振動板の中心軸上1mの距離での測定値ということになっている．しかしこの出力音圧レベル SPL は，スピーカユニットの規格のうち，一定のものがわかれば計算によって求めることも可能であり，この計算によって求められる SPL は自由空間における値であるのだが，当然のことながら上述した場合の測定値と同じになる．

ここで注意しなければならないことは，外国製スピーカユニットの場合である．外国においては，わが国とは違った基準による測定値が表示されることがあり，特に振動系等価質量と公称インピーダンスについては測定条件を確認する必要がある．

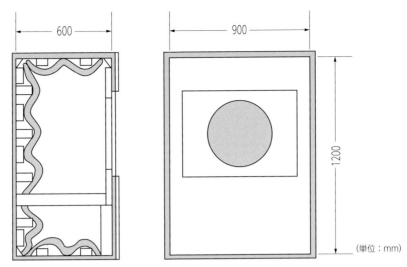

第 1-1-1 図　JIS 標準箱の概略図（実効内容積≒600 リットル）

それでは規格が不明なスピーカユニットの具体的測定方法として，まずは実効振動面積，および等価半径の測定法から説明すると，**第1-1-2図**に示すように入手したスピーカユニットのエッジの外側と内側それぞれの円の直径からそれぞれの半径を求め，次式に代入して等価半径 a を求める．

$$a = \sqrt{\frac{(A_1)^2 + A_1 A_3 + (A_3)^2}{3}} \ \text{〔m〕}$$
$$\cdots\cdots\cdots\cdots\cdots\cdots\cdots\cdots (1\text{-}1\text{-}1)$$

上式による計算結果は A_2 にほぼ等しくなるので，

$$a = A_2 \ \text{〔m〕} \qquad \cdots\cdots\cdots\cdots\cdots (1\text{-}1\text{-}2)$$

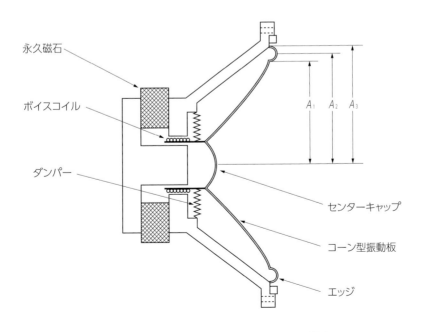

第 1-1-2 図　一般的なスピーカユニットの構造

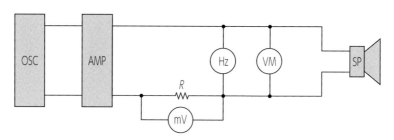

第1-1-3図　インピーダンス特性の測定接続図

としても特に問題はない．以上の結果から実効振動面積S_uは，

$$S_u = \pi a^2 \ \ [\mathrm{m}^2] \quad \cdots\cdots\cdots\cdots\cdots (1\text{-}1\text{-}3)$$

となる．

　次にスピーカユニットのインピーダンス特性を測定し，その測定結果からその他の必要な規格値を求めるのだが，その前にテスタまたはデジタルマルチメータでボイスコイルの直流抵抗R_{DC}を測定し記録しておく．

　さてインピーダンス特性の測定法には，定電流法と定電圧法（アドミタンス法ともいう），さらに定電圧法の応用として抵抗置換法がある．ここでは比較的正確に測れる定電圧法（アドミタンス法）を採用することにして，その接続図を**第1-1-3図**に示す．

　OSC：低周波発振器のことで，周波数が連続可変で，精度，安定度ともに高いものを用意する．

　AMP：電力増幅器，すなわちアンプのことで，出力は小さくてもよいが信頼性の高い安定したものにする．

　Hz：周波数計のことで，一般的に周波数が低くなると測定誤差が大きくなるので，低周波のスポット信号が録音されている

オーディオシステムチェック用CDを用いて誤差がどの程度あるか確認しておくとよい．

　VM：交流電圧計のことで，最高感度が0.3Vフルスケール以上で周波数特性は高域カットオフ100kHz以上のものがよい．

　mV：高感度交流電圧計（ミリボルト計，以下mV計と表記）のことで，最高感度が1〜3mVフルスケール，周波数特性は高域カットオフ100kHz以上のものがよい．

　R：電流検出用直列抵抗のことで，抵抗値は0.1〜0.22Ω，容量は5〜10Wで種類は何でもよいが，巻線型の場合は無誘導巻きのものにする．ここでは計算のしやすさから0.1Ω，5Wのプレート型とする．

　SP：被測定スピーカユニットのことで，設置場所は静かな開けた場所があれば屋外でもよいのだが，室内の場合は強い定在波や反射波が発生する恐れのない，なるべく広い部屋の中央付近に固定する．スピーカユニットを固定する姿勢は横向きにするのが原則である．

　アンプ（AMP：電力増幅器）と被測定スピーカユニットおよび電流検出用直列抵抗の接続は信頼のおけるスピーカケーブルを用い，それぞれの接続点は接触抵抗が大きくならないよう，しっかりと接続する．また測定開始前の注意事項としては，自由空間におけるスピーカユニッ

トの許容入力はカタログや銘板記載値よりはるかに小さいと考えねばならず，アンプの出力電圧を上げすぎたりショックノイズを発生させないようにすることである．

そのほか測定器に関しては，交流電圧と周波数を同時に表示する機能が付いた便利なデジタルマルチメータが出回っており，是非とも揃えておきたい測定器で，それがあると**第1-1-3図**に示した通りに接続する時間が短縮でき，測定もしやすい．さらに耳栓やヘッドフォンを用意しておき，測定開始後苦痛を感じたら装着する．また関数電卓も必需品である．

さて準備が完了したら，まず最低インピーダンスZ_{min}から測るのだが，発振周波数を1kHzにして交流電圧計VMの読み，すなわち測定電圧Eが1Vとなるように発振器の出力レベルコントロール，またはアンプの音量調節器によって調整する．そしてその1Vを保ちながら発振周波数を徐々に下げて行き，mV計の読みが最大になるところを探し，そのときのmV計の読み取り値e〔mV〕を下式に代入して，最低インピーダンスZ_{min}を求める．

$$Z_{min} = \frac{100}{e} \quad 〔\Omega〕 \quad \cdots\cdots\cdots\cdots\cdots (1\text{-}1\text{-}4)$$

mV計の読みが最大になる周波数はスピーカユニットの口径が大きいほど低く，小さいほど高くなり，大体 $100 \sim 700$Hz の間になり，最低インピーダンスの値は $1 \sim 16\,\Omega$ の間になるはずである．そして求めた最低インピーダンスZ_{min}の値に応じて測定電圧 E を，下式によって求められる電圧に変更する．

$$E = \sqrt{Z_{min}} \quad 〔V〕 \quad \cdots\cdots\cdots\cdots (1\text{-}1\text{-}5)$$

これはスピーカユニットの入力電力を1Wに統一するためであり，この電圧で再びZ_{min}を測定する．最初の測定値との差はほとんどないか，あったとしても小さいはずである．もし大きな差が出た場合は測定ミスと考えられる．

次に周波数を徐々に下げて行き，mV計の読みが最も小さくなったときの値e_{min}と，そのときの周波数を記録する．この周波数が当該スピーカユニット単体での最低共振周波数f_0である．

上述したf_0におけるmV計の読取り値e_{min}〔mV〕から，インピーダンスの最大値Z_{max}は下式によって計算される．

$$Z_{max} = \frac{100}{e_{min}} \quad 〔\Omega〕 \quad \cdots\cdots\cdots\cdots (1\text{-}1\text{-}6)$$

さて，測定電圧Eを保ちながら発振器の周波数を徐々に上げて，または下げて行き，その都度mV計の読みを記録するのだが，測定点は指示値の変化が緩やかなところは大まかに，急激なところは細かく選ぶようにする．

測定する周波数範囲は10Hzから20kHzまでとするのが望ましいのだが，実用的には$0.5\,f_0$から20kHzまで，低域用ユニットの場合は$0.5\,f_0$から予定されるクロスオーバー周波数の2倍まででよいであろう．オームの法則から，このmV計の読み取り値を100倍した値がアドミタンスmS（ミリジーメンス）となり，それを縦軸に採り，そして横軸にそのときの周波数を採ってグラフ化すると，**第1-1-4図**のようにアドミタンス特性が得られるのだが，(1-1-4)式や(1-1-6)式を応用して計算すれば，**第1-1-5図**のようにインピーダンス特性が得られ，面倒だがこのほうがはるかにわかりやすい．

次に，f_0の上下においてmV計の読みが下式

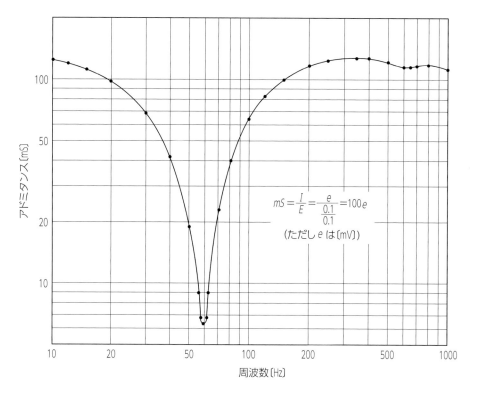

第 1-1-4 図　アドミタンス特性

によって表される V_n となったとき，またはそれから計算されるインピーダンスが Z_n となったときの周波数 f_1 および f_2 を記録する．

$$V_n = \frac{E}{10\sqrt{\dfrac{(Z_{\max})^2 + (R_{DC})^2}{2}}}$$

$$= \frac{\sqrt{2}\,E}{10\sqrt{(Z_{\max})^2 + (R_{DC})^2}} \quad \text{〔mV〕}$$

$$\cdots\cdots\cdots\cdots\cdots (1\text{-}1\text{-}7)$$

$$Z_n = \frac{Z_{\max}}{\sqrt{2}}\sqrt{1 + \left(\frac{R_{DC}}{Z_{\max}}\right)^2}$$

$$= \sqrt{\frac{(Z_{\max})^2 + (R_{DC})^2}{2}} \quad \text{〔Ω〕}$$

$$\cdots\cdots\cdots\cdots\cdots (1\text{-}1\text{-}8)$$

そして，f_0 と f_1，f_2 から機械的共振峰先鋭度

Q_m は下式によって計算される．

$$Q_m = \frac{f_0}{f_2 - f_1} \quad\cdots\cdots\cdots\cdots\cdots\cdots (1\text{-}1\text{-}9)$$

さらに R_{DC} と $Z_{\max}$ および上式によって求められた Q_m から電気的共振峰先鋭度 Q_e は下式によって求められる．

$$Q_e = \frac{R_{DC}\,Q_m}{Z_{\max} - R_{DC}} \quad\cdots\cdots\cdots\cdots (1\text{-}1\text{-}10)$$

そして，全体としての共振峰先鋭度（sharpness and shape of the resonance peak）Q_0 は次式によって計算される．

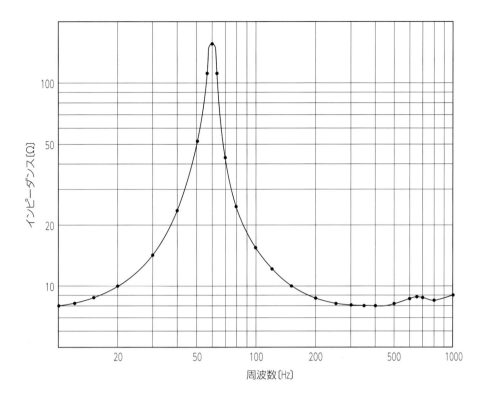

第1-1-5図　インピーダンス特性

$$Q_0 = \frac{R_{\mathrm{DC}}\,Q_m}{Z_{\max}} \quad \cdots\cdots\cdots\cdots\cdots\cdots \quad (1\text{-}1\text{-}11)$$

また，Q_mの逆数とQ_eの逆数との和が，全体としての共振峰先鋭度Q_0の逆数となり，次式の通りとなる．

$$\frac{1}{Q_0} = \frac{1}{Q_m} + \frac{1}{Q_e} \quad \cdots\cdots\cdots\cdots\cdots \quad (1\text{-}1\text{-}12)$$

ゆえにQ_0は下式によって求めることもできる．

$$Q_0 = \frac{Q_m\,Q_e}{Q_m + Q_e} \quad \cdots\cdots\cdots\cdots\cdots \quad (1\text{-}1\text{-}13)$$

1-2 振動系等価質量を求める
（effective moving mass）

スピーカユニットの振動系等価質量 m_0 は，振動系の機械的な質量 m_s〔kg〕と，その振動系の振動に基づく空気の反作用による付加質量 m_a〔kg〕との合計となり，下式によって表される．

$$m_0 = m_s + 2m_a \quad 〔kg〕 \quad \cdots\cdots\cdots\cdots (1\text{-}2\text{-}1)$$

機械質量 m_s というのは，具体的にはボビンを含めたボイスコイルの質量とコーン紙の質量，およびエッジとダンパーの質量の半分を合計したものである．そして空気付加質量 m_a は下式によって表されることが従来から示されている．

$$m_a = \frac{8}{3}\rho_0 a^3 \quad 〔kg〕\cdots\cdots\cdots\cdots (1\text{-}2\text{-}2)$$

（1-2-1）式において，この m_a が2倍されているのはなぜかというと，m_0 の表示は通常スピーカユニットを無限大バッフルに取り付けたとした場合の値を表示することになっており，そうすると空気付加質量は振動板の前後に加わることになるためである．また ρ_0 というのは空気密度のことであり，下式によって表される．

$$\rho_0 = \frac{1.2929}{1 + 0.00367t} \quad 〔kg/m^3〕\cdots\cdots (1\text{-}2\text{-}3)$$

この空気密度 ρ_0 については以下すべて，大気温度 t が20℃のときの値を用いることとし，ゆえにその値は次の通りとなる．

$$\rho_0 = 1.2045 \quad 〔kg/m^3〕 \quad \cdots\cdots\cdots\cdots (1\text{-}2\text{-}4)$$

自由空間においては，振動板の前後から放射されたそれぞれの音波は逆相であることからうち消し合うことになる．そのため，空気付加質量は無限大バッフルに取り付けたとした場合の約半分になり，ゆえにそのときの振動系等価質量を m_{0a} とすると，それは下式の通りになる．

$$m_{0a} = m_s + m_a \quad 〔kg〕 \quad \cdots\cdots\cdots\cdots (1\text{-}2\text{-}5)$$

さて m_0 が不明な場合は，当該ユニットを入手して測定しなければならないのだが，その測定方法として，従来から二つの方法が示されている．

第一は自由空間における振動系等価質量 m_{0a} を測定し，その値に定数である m_a を加えるという方法であり，第二は実効内容積が既知の密閉型エンクロージャに当該ユニットを取り付けたときの最低共振周波数 f_{0c} を測定し，その f_{0c} と f_0 との比を基に，計算によって求めるという方法である．

前者の場合，すなわち自由空間における振動系等価質量 m_{0a} の測定法は，まず前項で述べた方法によって f_0 を求める．そして測定電圧 E を徐々に下げて行くと同時にmV計の感度を最大にして f_0 におけるmV計の読み取りに支障がな

第 1-2-1 表　口径に応じた重りの重さ

口径	10cm	16cm	20cm	30cm	40cm
重りの重さ	$2 \sim 8$g	$4 \sim 24$g	$7 \sim 42$g	$20 \sim 100$g	$40 \sim 200$g

い範囲で測定電圧を最小にする．可能ならば計算のしやすさから0.1Vが望ましい．

$$E = 0.1 \ \text{〔V〕}$$

この電圧で再び Z_{min} と f_0 を測定する．一般的に測定電圧が低いと f_0 は高くなり，Z_{max} は大きくなるのだが，Z_{min} に関しては前述した通り測定電圧の違いによる差は小さいはずである．その後，**第1-2-1表**に示す口径に応じた重さの重りを振動板のセンターキャップに固定する．

具体的な重りの材料としては，釣具店で入手できる亀の甲型，または銀杏型の鉛でできた重りがよい．これをハンマーでたたいて，スピーカユニットのセンターキャップに取り付けやすいように整形する．釣り用の重りは1号あたり3.75gであるはずだが，念のため一つ一つ計測して確認されたい．

重りを固定するには両面テープを用いるのだが，粘着力が強すぎると取り外すときにセンターキャップを傷めてしまうので，適度な粘着力のものを選ぶ．場合によっては粘着力が不足することもあるが，その場合は塗装工事などに用いる粗面用マスキングテープで補強するとよい．

そうしておいて，このときの最低共振周波数を測定するのだが，その測定結果が f_0 の75～50%の範囲になるようにすると精度が良くなるとされる．そこで，重りを取り付けたときの共振周波数が，できるだけ f_0 の75～50%の範囲になるような重さの重りを2種類用意し，それぞれ Δm_1，Δm_2 とする．そして Δm_1 を取り付けたときの最低共振周波数を f_{01}，Δm_2 を取り付けたときのそれを f_{02} として測定し，測定状態のまま10分間以上放置する．そのとき測定値に変化がなければその値を採用する．

変化がある場合は5分から10分の間を空けて3回ずつ測定し，平均値を出す．その後，重りを取り外して再び f_0 を測定して変化がないことを確認する．なぜこのように面倒な測定を繰り返すのか，その理由は後述する．

以上によって求められた各値を次式に代入し，m_{0a1}，m_{0a2} を求める．

$$m_{0a1} = \frac{\Delta m_1 \times (f_{01})^2}{(f_0)^2 - (f_{01})^2}$$
$$= \frac{\Delta m_1}{\left(\dfrac{f_0}{f_{01}}\right)^2 - 1} \ \text{〔kg〕} \quad \cdots\cdots\cdots (1\text{-}2\text{-}6)$$

$$m_{0a2} = \frac{\Delta m_2}{\left(\dfrac{f_0}{f_{02}}\right)^2 - 1} \ \text{〔kg〕} \quad \cdots\cdots\cdots (1\text{-}2\text{-}7)$$

得られた2種類の値を相加平均し，それを最終的な m_{0a} の値とする．

$$m_{0a} = \frac{m_{0a1} + m_{0a2}}{2} \ \text{〔kg〕} \cdots\cdots\cdots (1\text{-}2\text{-}8)$$

上式によって求めた m_{0a} の値を下式に代入すると m_0 が求められる．

$$m_0 = m_{0a} + \frac{8}{3}\rho_0 a^3 \ \text{〔kg〕} \cdots\cdots\cdots (1\text{-}2\text{-}9)$$

第 1-2-2 表　容積を目安にした密閉型エンクロージャ

口径	10cm	16cm	20cm	30cm	40cm
容積	7 〜 15 リットル	15 〜 30 リットル	30 〜 60 リットル	80 〜 160 リットル	160 〜 250 リットル

m_0 が不明な場合の第二の測定方法は，具体的には次のような方法である．

まず**第 1-2-2 表**に示す容積を目安にした密閉型エンクロージャを用意し，その容積をでき得る限り正確に割り出す．すなわち実効内容積 V_r を求めるのだが，その場合，当該スピーカユニットがエンクロージャ内部に突出する部分の体積を差し引くことを忘れてはならない．

そして用意したエンクロージャが適切なものであるかどうかを，次に述べる（A），（B）2つの方法によって確かめる．

（A）　スピーカユニットをエンクロージャに取り付けた場合の空気付加質量 m_a は，当該エンクロージャの実効内容積 V_r とバッフル板面積 S_b によって変化することが従来から示されていて，それは次の通りである．

まず V_r と S_b を正確に割り出し，それを下式に代入して η を求める．

$$\eta = \frac{V_r S_b \times 10^{-1}}{(S_u)^2} \quad \cdots\cdots\cdots\cdots \text{(1-2-10)}$$

そして m_a の変化の割合を質量付加率 B_a と名付け，求めた η の値を媒介変数（parameter）としてグラフ化したものが**第 1-2-1 図**である．この図から上式によって求めた η の値に応じて B_a の値を読み取るのだが，η の値が 0.8 以上であれば当該エンクロージャは適切であると判断する．

（B）　まず自由空間において当該スピーカユ

ニットの最低共振周波数 f_0 を測定し，記録する．その後，用意したエンクロージャに，空気漏れがないよう注意しながら当該スピーカユニットを取り付け，その状態での，すなわちシステムとしての最低共振周波数 f_{0c} を測定するのだが，その際エンクロージャ内部には吸音材は一切張ってはならない．以上によって得られた f_0 と f_{0c} を次式に代入して成立するかどうかを確かめ，成立する場合，当該エンクロージャは適切であると判断する．

$$0.5 \leqq \left\{ \left(\frac{f_{0c}}{f_0} \right)^2 - 1 \right\} < 2 \quad \cdots\cdots \text{(1-2-11)}$$

すなわち，η の値が 0.8 以上であり，かつ上式が成立することが，用いるエンクロージャの条件になる．それは，これらの条件が成立しないようなエンクロージャでは誤差が大きくなってしまうからなのだが，このことと吸音材を張ってはならない理由などについての詳細は，この後必要に応じて逐次説明して行く．

そして，この場合の f_{0c} の測定も測定状態のまま 10 分間以上放置して変化がなければその値を採用する．変化がある場合は 5 分から 10 分の間を空けて 3 回測定し，相加平均を採る．以上によって得られた実効内容積 V_r と f_0，f_{0c} の各値を下式に代入すると m_0 が求められる．

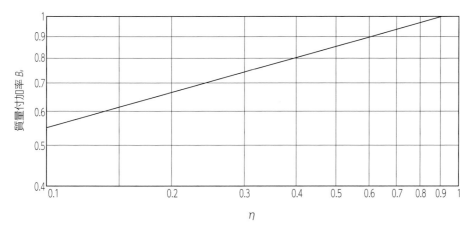

第 1-2-1 図　質量付加率 B_a

$$m_0 = \frac{3601.9(S_u)^2}{V_r(f_0)^2\left\{\left(\dfrac{f_{0c}}{f_0}\right)^2 - 1\right\}} \quad \text{〔kg〕}$$

$$\cdots\cdots\cdots\cdots\cdots\cdots\cdots\cdots (1\text{-}2\text{-}12)$$

　以上に述べた2つの測定方法は簡単そうに思えるのだが，実行してみるとどちらもその難しさを痛感することになる．前者の場合においては，まずスピーカユニットの固定が難しい．すなわち固定するための用具がやわなものであると特定の周波数で共振してしまう可能性があり，そうかといって頑丈なものにすると空気付加質量が変化してしまう可能性が出てくるからである．そして振動板を傷めないよう，かつ不平衡にならないように重りを固定するのが難しい．後者においては測定しようとするユニットに適合するエンクロージャを用意しなければならず，その実効内容積を正確に割り出すのが難しい．

　また，一般的にスピーカユニットの振動系は温度と湿度の影響を受けやすく，そのため大気温度と相対湿度の変化によってはもちろんのこと，測定開始後の通電によるボイスコイルの温度変化およびコンプライアンス（次章 **2-2項** 参照）の変化によっても測定結果に影響が出る．それを避けるために次に示す条件による測定前の慣らし通電（break-in）を指示している文献もある．

電圧 $= \sqrt{Z_{\min}}$ 〔V〕
周波数 $= 25$ 〔Hz〕
時間 $= 12$〔時間〕

　すなわち，どちらの場合も温度と湿度の変化による影響と，コンプライアンスの変化による影響が一定になるような測定は至難の業なのである．さらに，周波数が低くなるほど測定器の誤差が大きくなってしまうことも別の意味での難しさとなる．

　これらの理由から，測定するごとに違った結果が出てしまったり，また，わずかな測定誤差が結果を大きく左右してしまうことがあるため，同じ測定を何度も繰り返して平均値を出すのである．

　そこでスピーカユニット製造元には m_0，または m_s の値をユニット本体に刻印しておいていただきたく善処をお願いしたい．なお，(1-2-11)

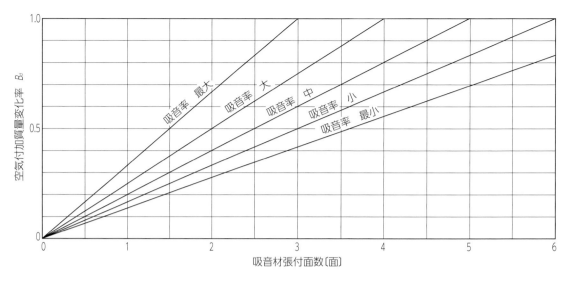

第1-2-2図　吸音材による空気付加質量変化率

式，(1-2-12)式の根拠については次章**2-1項**を参照されたい．

　次に，スピーカシステムを設計する場合，システムとしての振動系等価質量，すなわちスピーカユニットをエンクロージャに取り付けた状態における振動系等価質量m_{0c}を求める必要があるのだが，しかしこの段階ではエンクロージャは未確定である．そのためm_{0c}を求めることはできないので，m_{0c}はm_0に等しいものとして設計を進め，後にエンクロージャに関する規格が確定した段階で，必要に応じて本項に戻ってm_{0c}を求める．その求め方は次の通りである．

　まず，上述した第二の測定方法において用いるエンクロージャには吸音材を一切張ってはならないと述べたが，その理由は，吸音材を張ることによってエンクロージャ実効内容積が実質的に変化してしまうからであり，さらに吸音材がスピーカユニットに対する空気付加質量m_aをも変化させてしまうからである．

　前者については次章以降，必要に応じて説明するとして，後者についていえば，当該エンクロージャが適切なものであり，かつ適切な種類の，そして必要にして充分な量の吸音材が適切に張られている場合，空気付加質量はスピーカユニットの振動板の前後に加わることになるので$2m_a$だが，吸音材がまったくない場合は半分のm_aになる．言い換えれば，システムとしての振動系等価質量m_{0c}は，その場合m_{0a}に等しくなるということである．

　なぜそうなるのかというと，吸音材がまったくない場合はエンクロージャ内部の空気バネが相対的に強くなるとともに盛大な反射波が発生し，それによって振動板の振動が押さえ込まれるからである．ただし，このことがいえるためには条件があり，それは(1-2-11)式に示した通りである．

　そこで，吸音材の種類と量に対してm_aはどのように減少するのか，その割合を変化率B_dとして示したものが**第1-2-2図**である．縦軸が変化率B_dであり，横軸が吸音材を張り付けた面数であるが，ただし，このグラフは厳密な実験データに基づいたものではなく，あくまでも目安であるということをご承知おきいただきたい．

　それは吸音材の種類と量および張り方によっ

てその効果が千差万別になるからであり, ゆえに読み取り値は適宜調整されたい. また(1-2-11)式の成立が条件になるということにも注意されたい. そして得られた空気付加質量の変化率B_dの値を下式に代入すると, その場合のシステムとしての振動系等価質量m_{0c}が求められる.

$$m_{0c} = m_{0a} + m_a B_d \ \text{〔kg〕} \quad \cdots\cdots\cdots \quad (1\text{-}2\text{-}13)$$

一方, V_rとS_bによるm_aの変化が無視できない場合については, まずηの値に応じて**第1-2-1図**から縦軸の質量付加率B_aを読み取り, 下式に代入することによってm_{0c}が求められる.

$$m_{0c} = m_{0a} + m_a (2B_a - 1) \ \text{〔kg〕}$$
$$\cdots\cdots\cdots\cdots\cdots\cdots\cdots \quad (1\text{-}2\text{-}14)$$

そして最終的なm_{0c}は, 上述した二つの計算式(1-2-13)式と(1-2-14)式によって決まるm_{0c}を考え合わせた総合的なものとなる. その最終的なm_{0c}はどのようにして求められるのかとい

うと, この二つの計算式から下式が導かれる.

$$m_{0c} = m_{0a} + m_a B_d (2B_a - 1) \ \text{〔kg〕}$$
$$\cdots\cdots\cdots\cdots\cdots\cdots\cdots \quad (1\text{-}2\text{-}15)$$

第1-2-1図, および**第1-2-2図**からわかるようにηの値が0.8以上であり, そして当該エンクロージャは(1-2-11)式が成立するものであり, かつ内部には適切な種類の, そして必要にして充分な量の吸音材が適切に張られている場合, m_{0c}はm_0に等しいものと見なすことができる.

この項の最後に, エンクロージャ内部に吸音材を張るときの注意事項について触れておく. それは吸音材がスピーカユニットの振動板の至近距離になるような張り方や, ユニットの後ろ側を覆うような張り方をしてはならないということである.

また1か所だけ張る場合は, 裏板内面に張るのが効果的であるということが従来から言われている. 吸音材については, この後必要に応じて述べて行く.

1-3 出力音圧レベルを求める

　出力音圧レベル SPL という規格は，当該スピーカユニットに適したエンクロージャの設計という観点からは直接的な必要性はない．しかし SPL は，マルチアンプシステムを採用する場合や，LC ネットワークを用いてマルチウェイスピーカシステムとしてまとめあげるときなど，再生システム全体を考える場合においては重要な判断基準の一つとなる規格である．そこで本項ではスピーカユニットの自由空間における測定値を基に，SPL の値を計算によって求める方法を簡単に述べておく．

　出力音圧レベルとは基準になる音圧と，表そうとする音圧 P との比を 2 乗し，その対数を採ったもので，実際にはそれを 10 倍した値によって表される．基準になる音圧は，周波数が 1kHz の純音において健康な人間が聞き取り得る最低音圧とされる $20\mu\mathrm{Pa}$（マイクロパスカル）が用いられ，ゆえに出力音圧レベル SPL は下式によって表される．

$$SPL = 10\log\left(\frac{P}{20}\right)^2 \ \ \mathrm{(dB)} \cdots\cdots\cdots\cdots (1\text{-}3\text{-}1)$$

　表そうとする音圧 P は，スピーカユニット中心軸上 1m の距離における値であり，単位を $\mu\mathrm{Pa}$ で表すとすれば，下式によって表される．

$$P = \frac{a^2\rho_0 BLv}{1\times 2m_{0a}(R_{DC}+Z_a)}\times 10^6 \ \ \mathrm{(\mu Pa)}$$
$$\cdots\cdots\cdots\cdots\cdots\cdots\cdots (1\text{-}3\text{-}2)$$

　上式における Z_a は信号源抵抗のことで，増幅器の内部抵抗 R_a，接続端子の接触抵抗 R_t，接続電線の抵抗 R_w，LC ネットワーク付きの場合はその抵抗 R_n の総和となる．また B はボイスコイルを貫いている磁界の磁束密度のことであり，L_v はボイスコイルの有効長のことである．この B と L_v との積，BL_v を力係数（force factor）といい，下式によって表される．

$$BLv = \sqrt{\frac{2\pi f_0 m_{0a} R_{DC}}{Q_e}} \ \ \mathrm{(T\cdot m)}$$
$$\cdots\cdots\cdots\cdots\cdots\cdots\cdots (1\text{-}3\text{-}3)$$

　ゆえに SPL を求めるには（1-3-2）式に（1-3-3）式を代入し，さらにそれを（1-3-1）式に代入すればよいのだが，SPL はスピーカユニットに 1W の電力を加えたときの値で表すことになっているので，（1-1-5）式に示した $Z_{\min}$ の平方根から求められる電圧を乗ずる必要がある．また m_{0a} の求め方は前項で述べた通りであるが，m_0 がわかっている場合は（1-2-9）式から導出される下式によって求められる．

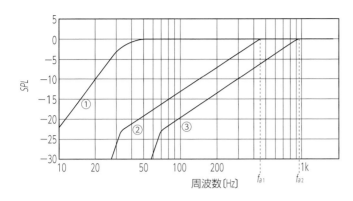

① JIS標準箱における音圧周波数特性の一例
② 自由空間におけるスピーカユニットの音圧
　　周波数特性の一例
③ 同上（小口径スピーカユニットの場合）

f_a：音波が球面波領域から平面波領域へ移る境界の
　　周波数

$$f_a = \frac{\sqrt{2}\,c}{2\pi a} = \frac{7733.5}{a} \quad \text{〔Hz〕}$$

第 1-3-1 図　SPL を求めるときの周波数 f_a

$$m_{0a} = m_0 - \frac{8\rho_0 a^3}{3} \quad \text{〔kg〕} \cdots\cdots\cdots (1\text{-}3\text{-}4)$$

そして，Z_a は実際上無視し得る値にすることは容易であり，したがってこれはないものとすれば，SPL を求める計算式は下式のようになる．

$$
\begin{aligned}
SPL &= 10\log\left(\frac{\sqrt{\dfrac{2\pi f_0\, m_{0a} R_{DC}}{Q_e}}\, a^2 \rho_0 \sqrt{Z_{\min}} \times 10^6}{20 \times 1 \times 2 m_{0a} R_{DC}}\right)^2 \\
&= 10\log\left\{\frac{2\pi f_0\, m_{0a} R_{DC} \times a^4 \times 1.2045^2 \times Z_{\min} \times 10^{12}}{Q_e \times 20^2 \times 2^2 \times (m_{0a})^2 \times (R_{DC})^2}\right\} \\
&= 10\log\left(\frac{9.1158 f_0\, a^4 Z_{\min} \times 10^{12}}{Q_e\, m_{0a} R_{DC}}\right) - 10\log 1600 \\
&= 10\log\left(\frac{f_0\, a^4 Z_{\min} \times 10^8}{Q_e\, m_{0a} R_{DC}}\right) + 10\log 91158 - 32.041 \\
&= 10\log\left(\frac{f_0\, a^4 Z_{\min} \times 10^8}{Q_e\, m_{0a} R_{DC}}\right) + 17.557 \quad \text{〔dB/W/m〕}
\end{aligned}
$$

$$\cdots\cdots\cdots\cdots\cdots\cdots\cdots\cdots (1\text{-}3\text{-}5)$$

上式に，これまでに求めた各値を代入することによって出力音圧レベル SPL が求められるのだが，$Z_{\min}$ が R_{DC} に等しいと見なすことができる場合には簡略化され，下式の通りとなる．

$$SPL = 10\log\left(\frac{f_0\, a^4 \times 10^8}{Q_e\, m_{0a}}\right) + 17.557 \quad \text{〔dB/W/m〕}$$

$$\cdots\cdots\cdots\cdots\cdots\cdots\cdots\cdots (1\text{-}3\text{-}6)$$

これらの計算式によって求められる SPL は，第 1-3-1 図に示すように音波が球面波領域から平面波領域に移る境界の周波数 f_a におけるものであるのだが，1-1 項で述べた無響室における測定値と原理的に等しい値になる．

さてスピーカユニットの規格にはオーストラリアのA・N・ティールとR・H・スモールが1973年に発表した通称T・Sパラメータといわれる規格があり，それには本設計法において必要な規格がすべて含まれている．

1984年以降，低域用スピーカユニットについてはT・Sパラメータをその取扱説明書やカタログに記載することが奨励されているとのことであるが，徹底されていないようである．それは，このT・Sパラメータは20項目以上にも及ぶため，そのすべてを記載することが難しいからであろう．

しかしエンクロージャの設計に直接必要となる規格は 1-1 項で示した7項目のうちの f_0，Q_0，m_0，S_u，という4項目である．参考までに，その4項目のT・Sパラメータにおける表記を次に示す．

本書における表記	T・Sパラメータに おける表記
f_0	F_s
Q_0	Q_{ts}
m_0	M_{ms}
S_u	S_d

SPL と $Z_{\min}$ については，表記は同一であるものの T・S パラメータとしてではなく，仕様書（specifications）の中に記載されている場合が多い．本書をきっかけに，低音域用のみならず全音域用スピーカユニットにおいても，その取扱説明書やカタログにおいて統一された測定条件に基づいたこれらの値が記載されるようになることと，ユニット本体にも m_0，または m_s の値が刻印されるようになることを期待したい．

第2章

スピーカユニットに
適したエンクロージャ
内容積を求める

2-1 システムとしての共振峰先鋭度の最大値を求める

(sharpness and shape of the resonance peak)

　スピーカユニットの規格が明確になったら，エンクロージャの具体的な設計に取りかかるわけだが，昨今，スピーカシステムの設計および特性の解析できるとされるコンピュータ用シミュレーションソフトウェアがいくつか出回っており，これらのソフトウェアを用いて設計するのが主流になりつつあるようだ．しかしこれらのソフトウェアはエンクロージャの設計法がわかるものではなく，入力されたデータに基づいて結果を表示するだけである．

　すなわち，シミュレーションするためには前述したT・Sパラメータのほかにエンクロージャに関するデータが必要なのだが，そのデータは画面上に表示される周波数特性が最大平坦特性になるように試行錯誤しながら得るという手法を用いているため，エンクロージャをどのように設計すればよいのかは経験則が頼りとなる．しかも，最大平坦特性が必ずしも唯一目標にすべき特性とはいえないことから，表示された結果に基づいて完成させたシステムがどんなに好ましいものであったとしても，エンクロージャに関しては理論的裏づけが得られたというわけではない．本章以降において，当該スピーカユニットに適したエンクロージャの理論的，かつ普遍性のある設計法を具体的に述べて行く．

　まず最初に，スピーカユニットを密閉型エンクロージャに取り付けたとした場合の，システムとしての共振峰先鋭度Q_{0c}の最大値$Q_{0c\,max}$から求める．

　Q_{0c}というのはエンクロージャとの関係において決定されるものであり，ゆえにその内容積Vおよびスピーカユニットとエンクロージャ，それぞれのスティフネスの比αとは切り離して考えることのできない要素である．

　このVとαについて述べる前に，共振峰先鋭度を厳密に考えると，システムとしてだけではなく，電力増幅器や接続ケーブルなども含めた最終的な共振峰先鋭度Qというものを考えなければならない．その最終的なQは次式によって表される．

$$Q = Q_{0c}\left(\frac{1}{DF}+1\right) \cdots\cdots\cdots\cdots\cdots (2\text{-}1\text{-}1)$$

　上式におけるDFというのはダンピングファクターのことであり，負荷抵抗R_1と信号源抵抗Z_aとの比によって表され，次式の通りになる．

$$DF = \frac{R_1}{Z_a} \cdots\cdots\cdots\cdots\cdots\cdots (2\text{-}1\text{-}2)$$

　通常，スピーカユニットを駆動する電力増幅器は内部抵抗を小さくし，また接続ケーブルは太くして，全体としての信号源抵抗Z_aを小さくすることによって定電圧駆動となるように設計される．ところがZ_aが大きいとDFが小さくなり，最終的なQが大きくなる．

　このことは定電流駆動に近づくことを意味し，

そうするとシステムとしての最低共振周波数 f_{0c} 付近ではインピーダンスが大きくなるため, スピーカユニットの入力が増加して出力音圧レベルが上昇することになる.

このような場合には適切な Q_{0c} を求めることが難しくなってしまうのだが, しかし今日, 実際の場合における Z_a は無視し得る値にすることは比較的容易である.

そうであれば DF については特に考慮する必要はなく, 最終的な Q は Q_{0c} に等しいと見なすことができる. そこで本書においては今後 DF による影響はないものとして話を進める.

さて, 従来から Q_{0c} の最適値は0.7であり, 適合範囲は0.5から1までとされているのだが, まずその根拠を考えてみる.

第2-1-1図に示したのは, Q_0 の値がさまざまなスピーカユニットを無限大バッフルに取り付けたとした場合の低域特性図であり, 従来から示されているものである. この図において最大平坦特性が得られる Q_0 の値が0.7であり, 最適平坦特性といえる範囲が0.5から1までということであるのだが, この図に示された Q_0 の値は, その値に対して $0.8165 Q_0$ の値を持ったスピーカユニットを, ある一定の容積を持った密閉型エンクロージャに取り付けた場合の Q_{0c} にそのまま置き換えることができる. このことを根拠としているわけである.

ただしその場合, 横軸の f_0 はシステムとしての最低共振周波数 f_{0c} になる.

そこで Q_{0c} の最大値を1として, f_{0c} における音圧レベルが3dB低下する Q_{0c} の値と, 6dB低下する Q_{0c} の値をそれぞれ最適値および最小値とし, デシベル換算表から, 改めてその数値を読み取るとそれぞれ次の通りとなる.

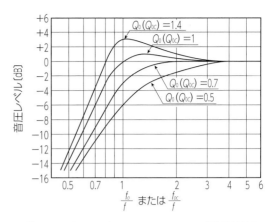

第 2-1-1 図　スピーカユニットの Q_0 と低域特性図

Q_{0c}（最大値）$=1$

Q_{0c}（最適値）$=0.7079$

Q_{0c}（最小値）$=0.5012$

それでは上述した0.8165という数値の根拠は何なのか, また, 一定の容積とはどのような値なのか, そしてそれはどのようにして求められるのかというと, その手がかりは α である.

α というのは, スピーカユニットから見たエンクロージャのスティフネス, すなわちエンクロージャ内部の空気をバネに見立てた場合におけるその空気バネの堅さ s_{cs} と, スピーカユニット自身のスティフネス, すなわち振動系をバネに見立てた場合におけるその硬さ s_0 との比のことであり, 次式の通りである.

$$\alpha = \frac{s_{cs}}{s_0} \quad \cdots\cdots\cdots\cdots\cdots\cdots\cdots (2\text{-}1\text{-}3)$$

そして, s_{cs} と s_0 はそれぞれ次式によって表される.

$$s_{cs} = \frac{\rho_0 c^2 (S_u)^2 \times 10^{-3}}{V} \quad [\text{N/m}]$$

$$\cdots\cdots\cdots\cdots\cdots\cdots\cdots (2\text{-}1\text{-}4)$$

$$s_0 = m_0 (2\pi f_0)^2 \times 10^{-3} \quad [\text{N/m}]$$

$$\cdots\cdots\cdots\cdots\cdots\cdots\cdots (2\text{-}1\text{-}5)$$

上式における V というのはエンクロージャ内容積のことである。また ρ_0 というのは空気密度であり、前章 **1-2項** で述べた通りであるが、再掲すると、

$$\rho_0 = 1.2045 \quad [\text{kg/m}^3] \cdots\cdots\cdots (2\text{-}1\text{-}6)$$

そして c というのは大気中の音速であり、次式によって表される。

$$c = 331.45 + 0.607t \quad [\text{m/s}]$$

$$\cdots\cdots\cdots\cdots\cdots\cdots\cdots (2\text{-}1\text{-}7)$$

この音速も空気密度と同様に、以下においてはすべて大気温度 t が20℃のときの値を用いることとし、ゆえにその値は次の通りである。

$$c = 343.59 \quad [\text{m/s}] \cdots\cdots\cdots\cdots (2\text{-}1\text{-}8)$$

これらを （2-1-3）式に代入すると、a は次式に示す通りとなる。

$$a = \frac{\rho_0 c^2 (S_u)^2}{V m_0 (2\pi f_0)^2}$$

$$= \frac{3601.9 (S_u)^2}{V m_0 (f_0)^2} \cdots\cdots\cdots\cdots\cdots (2\text{-}1\text{-}9)$$

上式からわかる通り、a はスピーカユニットの規格が既知であれば、エンクロージャ内容積

V が確定すると計算によって求められることになる。

このことは a の値を何らかの方法で確定できれば V の値が計算できるということでもあるのだが、従来この a の値は0.5が理想値とされており、その根拠は次の通りである。

音波というものは空気の疎密波であり、また圧力変動波ともいえるものである。すなわち空気の濃くなったところと薄くなったところが次々と波のようになって空気中を伝わって行くわけだが、この場合、空気が濃くなったところは圧力が高く、薄くなったところは圧力が低いということであり、その伝播して行く速度は(2-1-7)式に示した通りである。

ここでスピーカユニットを無限大バッフルに取り付けたとした場合を(2-1-9)式に当てはめて考えると、この場合 V は無限大であるから a の値はゼロとなり、そしてスピーカユニットの振動板の前後から放射された音波は(2-1-8)式に示した速度で伝播して行く。このとき放射された音波に対してバネとして作用する空気は、その音波が到達した部分の空気のみである。

ところが、スピーカユニットの後ろ側を囲って有限空間とするとスピーカユニット背面から放射された音波が閉じ込められるため、バネとして作用する空気が増加して伝播速度が低下する。これは、機械的なコイルバネの一端に加えられた振動が反対側に伝わるまでの時間はコイルの巻き数が多くなるほど長くなるのと同じ原理である。

そしてその有限空間、すなわちエンクロージャの容積を小さくして行き、スピーカユニットから見たエンクロージャのスティフネスの値がスピーカユニットのスティフネスの値の半分になる容積を境に、言い換えると a の値が0.5とな

る容積を境にエンクロージャ内部の空気全体が
バネとして作用するようになる.

なぜそうなるのかというと, スピーカユニットの振動板の振動は往復運動であることから, 最初の半周期でエンクロージャ内部の半分まで振動が伝わり, 次の半周期で全体に行き渡るという動作をするからである. そして α の値が 0.5 となり, かつ Q_{0c} の値が 0.7079 になるようなスピーカユニットと密閉型エンクロージャとを組み合わせ, それを無響室のような 4π 空間に設置すると, そのとき**第2-1-2図**に示すように最大平坦特性が得られ, 低域再生限界周波数が最も低くなる.

このことから α の値は 0.5 が理想値とされているのであり, 前述した一定の容積とは, (2-1-9)式を変形した次式によって求められるエンクロージャ内容積のことである.

$$V = \frac{3601.9(S_u)^2}{0.5 m_0 (f_0)^2}$$

$$= \frac{7203.8(S_u)^2}{m_0 (f_0)^2} \quad [\mathrm{m}^3] \quad \cdots\cdots (2\text{-}1\text{-}10)$$

しかし, この 0.5 という α の値は, 理想値というより最小値と表現すべき値であり, そのことについては次項において詳述する.

さて, スピーカユニットを密閉型エンクロージャに取り付けたときの最低共振周波数, すなわちシステムとしての最低共振周波数 f_{0c} はどうなるかというと, スピーカユニットのスティフネスにエンクロージャのスティフネスが加わったかたちで決定される. そこでまず (2-1-5)式を f_0 について変形する.

$$f_0 = \frac{1}{2\pi} \sqrt{\frac{s_0}{m_{0c}}} \quad [\mathrm{Hz}] \quad \cdots\cdots (2\text{-}1\text{-}11)$$

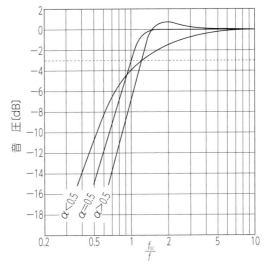

第 2-1-2 図　最大平坦特性

次に, (2-1-11)式の右辺におけるルートの中の分子に s_{cs} を加え, 左辺の f_0 を f_{0c} に置き換えると f_{0c} を求める計算式が導かれる.

$$f_{0c} = \frac{1}{2\pi} \sqrt{\frac{s_{cs} + s_0}{m_{0c}}} \quad [\mathrm{Hz}] \quad \cdots\cdots (2\text{-}1\text{-}12)$$

そして, 上式に (2-1-4)式, (2-1-5)式を代入し, 両辺を 2 乗すると,

$$(f_{0c})^2 = (f_0)^2 + \frac{3601.9(S_u)^2}{V m_{0c}} \quad \cdots (2\text{-}1\text{-}13)$$

となって, さらにこれを変形して両辺を $f_0{}^2$ で除すると,

$$\left(\frac{f_{0c}}{f_0}\right)^2 - 1 = \frac{3601.9(S_u)^2}{V m_{0c} (f_0)^2} \quad \cdots\cdots (2\text{-}1\text{-}14)$$

となる. ここで m_{0c} は m_0 に等しいとすれば, 上式の右辺は (2-1-9)式の右辺に等しくなり, 次式が成立する.

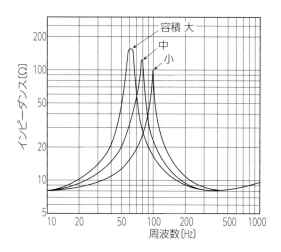

第2-1-3 図　インピーダンス特性の変化

$$\alpha = \left(\frac{f_{0c}}{f_0}\right)^2 - 1 \quad \cdots\cdots\cdots\cdots\cdots \quad (2\text{-}1\text{-}15)$$

ところで，エンクロージャの容積を変えると それに応じて Q_{0c} が変化するのだが，システム としてのインピーダンス特性も**第2-1-3図**に示 すように変化する．ただしこの図はインピーダ ンスの変化を象徴的に表した概念図であり，実 際は図に示したほど顕著に変化するわけではな い．

しかし実際に密閉型エンクロージャに取り付 けた上，第1章において述べた Q_0 を求める方法 を用いて求められる値は，システムとしての共 振峰先鋭度 Q_{0c} ということになり，この Q_{0c} の変 化の割合と f_{0c} の変化の割合が一致することは， これまでに述べたことと**第2-1-1図**から明らか である．すなわち，f_0 と Q_0 および f_{0c} と Q_{0c} と は比例する依存関係にあり，ゆえに上式と同じ 形の次式が成立する．

$$\alpha = \left(\frac{Q_{0c}}{Q_0}\right)^2 - 1 \quad \cdots\cdots\cdots\cdots\cdots \quad (2\text{-}1\text{-}16)$$

そして，上式を Q_0 について変形し，Q_{0c} の計 算上の最適値および α の理想値を代入すると，

$$Q_0 = \frac{Q_{0c}}{\sqrt{\alpha + 1}}$$

$$= \frac{0.7079}{\sqrt{0.5 + 1}} \fallingdotseq 0.5780 \quad \cdots\cdots\cdots \quad (2\text{-}1\text{-}17)$$

となって，スピーカユニットの Q_0 の値は計算上 0.578 が理想値ということになる．そうすると， 先に示した値から Q_0 の最大値と最小値も計算 され，次式の通りになる．

$$Q_0 \text{の最大値} = \frac{1}{\frac{0.7079}{0.578}}$$

$$\fallingdotseq 0.8165 \quad \cdots\cdots\cdots\cdots \quad (2\text{-}1\text{-}18)$$

$$Q_0 \text{の最小値} = \frac{0.5012}{\frac{1}{0.578}}$$

$$\fallingdotseq 0.2897 \quad \cdots\cdots\cdots\cdots \quad (2\text{-}1\text{-}19)$$

このことから，スピーカユニットの Q_0 の値は 0.2897 以上 0.8165 以下でなければならないとい うことになり，これが前述した 0.8165 という数 値の根拠である．

ところが，現時点で実際に入手可能な低域用 または全域用と銘打ったスピーカユニットのカ タログ上の Q_0 の値が，この範囲を超えているも のがある．たとえば 0.2897 未満の数値が記載さ れたユニットが存在するのだが，実測値もその 通りであったとすれば，それは低音再生という 観点からは好ましくないということになる．

しかし完成されたシステムの実際の設置条件 や，人間の聴感特性まで含めて考えると結果的 には良好となる場合があり，それなりの設計と 使い方の工夫をすればよい．一方，Q_0 の値が

0.8165を超えるユニットの場合は，これまでに述べたことから好ましい低域特性を得るのは難しいと考えられるため，それが低域用と銘打ったものであっても，中低域用または中域用として用いたほうが好結果が得られるであろう．

以上述べたことから，このQ_0の最大値，最適値，最小値を基準にQ_{0c}の最大値$Q_{0c\,max}$を考えると，まずQ_0の値が0.578を超え，0.8165以下のスピーカユニットの場合はこれまでに述べたことから1である．

$$Q_{0c\,max} = 1 \quad \cdots\cdots\cdots\cdots\cdots \text{(2-1-20)}$$

次にQ_0の値が0.2897以上0.578以下のユニットの場合は，**第2-1-1図**および先に示した値を基にして同様に考えれば，

$$Q_{0c\,max} = \frac{1}{0.578}Q_0$$
$$\fallingdotseq 1.7301Q_0 \quad \cdots\cdots\cdots \text{(2-1-21)}$$

となり，そしてQ_0の値が0.2897未満のユニットの場合も同様に考えると，

$$Q_{0c\,max} = \frac{0.578}{0.2897}Q_0$$
$$\fallingdotseq 1.9952Q_0 \quad \cdots\cdots\cdots \text{(2-1-22)}$$

となる．そして，Q_{0c}が上記の値以上になるような容積のエンクロージャを採用すると，低域の周波数特性上に無視し得ない盛り上がりが生じてしまうことになる．

しかし実際はQ_{0c}の最大値として**第2-1-1図**における1.4の線まで許容してもよいと思われる．それは，人間の聴感は周波数が低くなるほど低下するため，低域の周波数特性上の盛り上がり

が＋3dB以内であれば音楽再生においては不自然さはなく，むしろ豊かさを感ずるからであり，しかも吸音材を多めに布設することと，駆動する増幅器を内部抵抗の小さいものにすることによって，物理特性上においても特に問題となることはないと考えられるからである．

そこで前述したQ_{0c}の最大値$Q_{0c\,max}$の値は理論値とし，より実用的な値としては下記の通りとするのが妥当であろう．

$Q_0 > 0.578$の場合：
$$Q_{0c\,max} = 1.4 \quad \cdots\cdots\cdots\cdots \text{(2-1-23)}$$

$Q_0 \leqq 0.578$の場合：
$$Q_{0c\,max} = \frac{1.4}{0.578}Q_0$$
$$\fallingdotseq 2.4221Q_0 \quad \cdots\cdots\cdots \text{(2-1-24)}$$

すなわち，Q_0の値が0.2897未満のユニットは，Q_0の値が0.578以下のユニットに含め，ひとくくりにして考えても支障はないはずであり，したがってスピーカユニットのQ_0の値に応じて，次に示す通り2種類に分類して考えるのが合理的である．

Aグループ：Q_0の値が0.578以下のスピーカユニット

Bグループ：Q_0の値が0.578を超え0.8165以下のスピーカユニット

しかし実際に入手可能なウーファ，サブウーファ，フルレンジと呼ばれるスピーカユニットでBグループに属するものは少ないため，以後はAグループに属するスピーカユニットを優先的に述べて行くことにする．

2-2 αの基準値と適合範囲を求める

システムとしての共振峰先鋭度の最大値 $Q_{0c \, max}$ が求められると，α の最大値 α_{max} が求められることは前項によって明らかである．すなわち α を求める計算式である（2-1-16）式の Q_{0c} のところに $Q_{0c \, max}$ を代入すればよいわけであり，まずBグループのスピーカユニットについては次式の通りとなる．

$$\alpha_{max} = \left(\frac{1}{Q_0}\right)^2 - 1 \quad \cdots\cdots\cdots\cdots (2\text{-}2\text{-}1)$$

実用的には（2-1-23）式から，

$$\alpha_{max} = \left(\frac{1.4}{Q_0}\right)^2 - 1 \quad \cdots\cdots\cdots\cdots (2\text{-}2\text{-}2)$$

となる．そしてAグループのスピーカユニットについては（2-1-21）式から，

$$\alpha_{max} = \left(\frac{1.7301 Q_0}{Q_0}\right)^2 - 1$$

$$= 1.9933 \fallingdotseq 2 \quad \cdots\cdots\cdots (2\text{-}2\text{-}3)$$

となり，実用的には（2-1-24）式から，

$$\alpha_{max} = \left(\frac{2.4221 Q_0}{Q_0}\right)^2 - 1$$

$$= 4.8666 \fallingdotseq 5 \quad \cdots\cdots\cdots (2\text{-}2\text{-}4)$$

となる．次に α の最小値 α_{min} であるが，これについては，すべてのスピーカユニットに対し 0.5 となる．

$$\alpha_{min} = 0.5 \quad \cdots\cdots\cdots\cdots\cdots\cdots (2\text{-}2\text{-}5)$$

これはなぜかというと，α の値を0.5未満に採るということは（2-1-10）式からわかるようにエンクロージャ容積を大きくすることであり，それは無限大バッフルに取り付けたとした場合の状態に近づくということである．

このことは**2-1項**で述べたことからわかるように，スピーカユニットに対してエンクロージャ内部の空気の一部がバネとして直接作用しなくなるということでもあり，そのような大きなエンクロージャは無駄であり，そして不経済であり，必要性がないということを意味するからである．

以上によって，求められた α の各値を（2-1-9）式に代入すると，未知数はエンクロージャ内容積 V のみとなり，V の適合範囲が求められることになるのだが，しかしここで求めた α の適合範囲を示す各値は原則値または一般論としての実用値である．

実際の場合においては，次に述べるように個々のスピーカユニットに対する α の適合範囲を求める必要がある．すなわち，一般的に低域再生限界はできるだけ低くしたいという要求が

あるわけだが，その要求を満たすためには**第2-1-1図**からf_0を低くすればよいことがわかる.

それでは，f_0を低くするためにはどうすればよいかというと，（2-1-11）式からm_0を大きくするかs_0を小さくすればよいことがわかる．しかしm_0を大きくしすぎると運動の法則によって過渡特性が悪化してしまい，磁気回路が貧弱な場合は電磁的な制動力が弱いため，その傾向がさらに強まることになる．

そこでs_0が小さくなるように設計されたスピーカユニットが登場する．s_0を小さく設計するということは，エッジとダンパーを柔らかくして振動板を動きやすくすることであり，そうすることによってm_0をそれほど大きくしなくてもf_0を低く保つことができ，なおかつ磁気回路を強力なものにすれば，過渡特性の悪化も防ぐことができるというわけである．

このようにs_0が小さくかつ強力な磁気回路を持ったスピーカユニットは（2-1-3）式，（2-1-4）式からわかる通り，エンクロージャ内容積が同じであってもaの値は大きくなることから，個々のスピーカユニットに応じたaの適合範囲を求める必要が生ずるのである．

ところでS_0が小さくかつ強力な磁気回路を持ったスピーカユニットは，前章**1-3項**で述べたことからわかる通り，SPLの値が大きくなり，理想に近いと思うかもしれないが，反面Q_0は小さくなるため，低域の出力音圧レベルは相対的に低下してしまう．

さらに一般的なコーン型振動板を持った動電型スピーカユニットにおける磁気回路の空隙は狭く，そこに挿入されているボイスコイルはダンパーとエッジによってその狭い空隙の中心に保持され往復運動をするわけで，それを正確に行わせることは振動系が動きやすく設計された

ユニットほど難しくなる．

またそのようなユニットに対して容積が大きすぎるエンクロージャを採用すると，空気バネによる制動効果が弱くなるため，たとえ磁気回路が強力であっても低域において振動板の振幅が過大になりやすい状況になってしまう．そして振幅が過大になれば高調波歪みや混変調歪みが発生してしまうとともに，ボイスコイルが磁極に接触してしまう危険性も出てくる．

そうかといって，容積の小さなエンクロージャを採用すると，今度はシステムとしての最低共振周波数f_{0c}が上昇してしまい，s_0を小さくした意味がなくなってしまうなど，s_0が小さくかつ強力な磁気回路を持ったスピーカユニットといえども一長一短であり，特に優れているとはいえない．

むしろm_0を大きくし，s_0は小さくなりすぎないようにしたユニットのほうが，エンクロージャを小さくした場合のf_{0c}の上昇が少なく，実用性という観点からは優れているといえる．その場合における過渡特性の悪化に対しては，同じく磁気回路を強力にするとともに吸音材を多めに使用し，さらに駆動する増幅器を内部抵抗の小さいものにすることによって対処すればよい．

このように，一般的な動電型スピーカユニットにおいては，その規格に二律背反する性質があり，妥協点をどこに採っているかということが，そのユニットの特徴となっている．

さて個々のスピーカユニットに応じたaの適合範囲はどのようにして求めるのかというと，まずコンプライアンスという要素を用いてaの基準値を求め，その基準値を基に適合範囲を求める．

コンプライアンスというのはスティフネスの

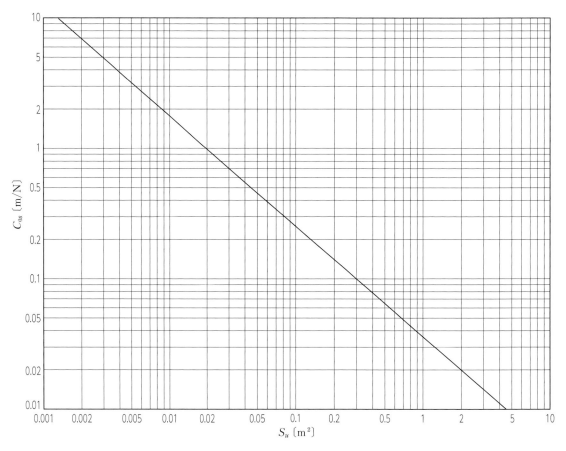

第 2-2-1 図　コンプライアンスの標準値を求めるグラフ
本書のような印刷物では，具体的な数値を読み取ることができるグラフの掲示は困難であるため，
このグラフは 3 × 4 サイクルの両対数グラフ用紙に転記し，読み取っていただきたい．

逆数のことであり，スピーカユニットの振動系の柔らかさ，または動きやすさと考えればよく，当該スピーカユニットのコンプライアンスを c_{o0} とすると，それは次式によって表される．

$$c_{o0} = \frac{1}{s_0} = \frac{1}{m_0 (2\pi f_0)^2 \times 10^{-3}} \quad \text{[m/N]}$$
$$\cdots\cdots\cdots\cdots\cdots\cdots\cdots\cdots\cdots \text{(2-2-6)}$$

また**第 2-2-1 図**に示すグラフは，スピーカユニットの実効振動面積 S_u を媒介変数（parameter）としたコンプライアンスの基準値 c_{0s} を求めるグラフである．

このグラフは，わかる限り多くのスピーカユニットの規格を調べ，コンプライアンスの平均値を求めて作成したものである．

グラフ作成にあたっては，いろいろなユニットの性質や特徴を勘案した机上の設計例や，カタログや取扱説明書における推奨設計例をはじめとする先達の設計例などから得られる値をも参考にしている．

このグラフから読み取った c_{0s} の値と，前記 c_{o0} との比を考えると，それはスティフネスの比 α を表す（2-1-3)式と基本的に同等であり，それを α_s とする．そして（2-1-5)式を参考に，c_{0s} から計算されるスティフネスを s_{0s} とすれば，α_s

第 2-2-1 表　αの適合範囲・A グループ（$Q_0 \leqq 0.578$）のスピーカユニット

	計算値	$\alpha_s < 0.5$	$0.5 \leqq \alpha_s \leqq 1$	$1 \leqq \alpha_s$
$\alpha_{\min}$	理論値	0.5	0.5	$0.5\,\alpha_s$
	実用値	0.5	0.5	$0.5\,\alpha_s$
α_s		1	1	計算値
$\alpha_{\max}$	理論値		2	$2\,\alpha_s$
	実用値	5	5	$5\,\alpha_s$

第 2-2-2 表　αの適合範囲・B グループ（$0.578 < Q_0 \leqq 0.8165$）のスピーカユニット

	計算値	$\alpha_s < 0.5$	$0.5 \leqq \alpha_s \leqq 1$	$1 \leqq \alpha_s$
$\alpha_{\min}$	理論値	0.5	0.5	$0.5\,\alpha_s$
	実用値	0.5	0.5	$0.5\,\alpha_s$
α_s		1	1	計算値
$\alpha_{\max}$	理論値		$\left(\dfrac{1}{Q_0}\right)^2 - 1$	$\left\{\left(\dfrac{1}{Q_0}\right)^2 - 1\right\}\alpha_s$
	実用値	5	$\left(\dfrac{1.4}{Q_0}\right)^2 - 1$	$\left\{\left(\dfrac{1.4}{Q_0}\right)^2 - 1\right\}\alpha_s$

は次式のように表すことができる.

$$\alpha_s = \frac{c_{o0}}{c_{0s}} = \frac{s_{0s}}{s_0}$$

$$= \frac{1}{(2\pi f_0)^2\, m_0\, c_{0s} \times 10^{-3}} \quad \cdots\cdots (2\text{-}2\text{-}7)$$

上式によって求められるα_sは最適値と解釈することもできる. そうであればこのスティフネスの比α_sが1になったとき, すなわちスピーカユニットの振動系のスティフネスとエンクロージャ内部空気のスティフネスが同値になったときを基準にしてαの適合範囲を考えればよいであろうということがわかる. この考え方に基づいて求められるエンクロージャ容積が等価容積といわれているものであり, T・SパラメータにおいてはV_{as}として示されているものである. このことからαの適合範囲を考える場合にはα_sの値が1以下か, 1を超えているかを基準に考えればよいということがわかる.

そこで, 求められたα_sの計算値に基づいてαの適合範囲を具体的に考えると, Aグループの

スピーカユニットについてはまずα_sが0.5以上1以下の計算値になった場合, 適合範囲は前述した原則値どおりでよい.

次にα_sが1を超える計算値になった場合は, それに応じて$\alpha_{\max}$, $\alpha_{\min}$の値も大きくする必要があるのだが, どのくらい大きくすればよいかを考えると, α_sは1を基準にしていることから原則値にα_sを単純に乗ずればよいことがわかる.

それではα_sの計算値が0.5未満になった場合はどうかというと, α_sの値は基準値である1とみなすとともに, $\alpha_{\max}$については実用値のみを採用する. この理由については後述する.

Bグループのスピーカユニットについても, 数値の違いがあるものの考え方は同じであり, それらすべての場合を一覧にしたものが**第2-2-1表**, **第2-2-2表**である.

以上述べたことから, 従来理想値とされている0.5というαの値は最小値というべき値であることがわかる. それは, αの値が0.5未満となるような大きなエンクロージャは, 前述したよう

に内部空気の一部がバネとして作用しなくなるため，無駄で不経済であり，仮にそれを容認したとしても f_{0c} は低下するものの Q_{0c} も低下するため，低域の出力音圧レベルが相対的に低下してしまうからである．さらに振動系に対する空気バネの制動効果が薄れることから許容入力が低下して機械的な振幅限界に達しやすく，スピーカユニットにとって過酷な動作状況となり，本来の性能を発揮できなくなってしまうからでもある．そのため α_s の計算値が0.5未満になるような場合はそれを1とみなして適合範囲を考えるのである．

　上述したように α の値が0.5未満となるような大きなエンクロージャの採用は不適切である一方，α の値が $\alpha_{\max}$ を超えるような小さなエンクロージャを採用した場合はどうかというと，周波数特性上に盛り上がりやうねりが生ずることになるとともに，強い空気バネによって振動板の振動が押さえ込まれてスピーカユニットが持つ本来の性能が発揮できなくなると考えられることから，これも不適切といわざるを得ない．すなわちエンクロージャ内容積の適合範囲は重要な要素であり，前章 **1-2項** において，m_0 を測定するときのエンクロージャの条件として（1-2-11）式を課した理由をわかっていただけたと思う．

　さて，従来「Q_{0c} は0.7079が理想値であり，α は0.5が理想値である．その結果，スピーカユニットの Q_0 の値は0.578が理想値となる」という言い方がなされる場合があるのだが，このような言い方は，間違いとはいえないものの，エンクロージャやスピーカユニットの規格について誤解を招くおそれがあり不適切である．

　強いてこのようないい方をするならば「Q_0 が0.578であり，かつ α_s の値が0.5以上1以下となるスピーカユニットを α が0.5となる密閉型エンクロージャに取り付けると，Q_{0c} が0.7079になる．そのシステムを 4π 空間に設置すると音圧周波数特性が最大平坦になり，低域の再生帯域が最も広くなる」というべきであろう．

　このような場合，低域に関しては理論上理想的システムということができるのだが，通常，スピーカシステムを 4π 空間に設置して用いることはなく，実際の場合においては，特性上も音質上も理想といえる状態にはならない．

　しかしながら，この理論上想定される理想的システムは，密閉型，位相反転型を問わずエンクロージャを設計する場合においての基準として忘れてはならないものであり，またこの理想的システムにおいて α を変化させると，すなわちエンクロージャの容積を変化させると，そのときの出力音圧周波数特性は **第2-1-1図** と同等のものが得られるということも理解しておく必要がある．

2-3 エンクロージャ内容積を求める

エンクロージャ内容積 V は, **2-1項**で述べたように α が確定されると, (2-1-9)式を変形した次式によって求めることができる.

$$V = \frac{3601.9(S_u)^2}{\alpha m_0 (f_0)^2} \quad [\text{m}^3] \cdots\cdots\cdots (2\text{-}3\text{-}1)$$

ゆえに上式における α に代わり, 前項で求めた α の最大値 $\alpha_{\max}$, 標準値 α_s, 最小値 $\alpha_{\min}$ を代入すると, それぞれ V の最小値, 標準値, 最大値が求められることになる. そこで V の最小値を $V_{\min}$, 標準値を V_s, 最大値を $V_{\max}$ として示すと次の通りとなる.

$$V_{\min} = \frac{3601.9(S_u)^2}{\alpha_{\max} m_0 (f_0)^2} \quad [\text{m}^3] \cdots\cdots (2\text{-}3\text{-}2)$$

$$V_s = \frac{3601.9(S_u)^2}{\alpha_s m_0 (f_0)^2} \quad [\text{m}^3] \cdots\cdots (2\text{-}3\text{-}3)$$

$$V_{\max} = \frac{3601.9(S_u)^2}{\alpha_{\min} m_0 (f_0)^2} \quad [\text{m}^3] \cdots\cdots (2\text{-}3\text{-}4)$$

上記三つの計算式のうち V_s を求める式に (2-2-7)式を代入することによって簡略化されるとともに, 求めた V_s を用いて $V_{\max}$, $V_{\min}$ を求める計算式も簡略化され, 次の通りである.

$$V_s = 142.2(S_u)^2 C_{0s} \quad [\text{m}^3] \cdots\cdots (2\text{-}3\text{-}5)$$

$$V_{\min} = \frac{\alpha_s V_s}{\alpha_{\max}} \quad [\text{m}^3] \cdots\cdots\cdots (2\text{-}3\text{-}6)$$

$$V_{\max} = \frac{\alpha_s V_s}{\alpha_{\min}} \quad [\text{m}^3] \cdots\cdots\cdots (2\text{-}3\text{-}7)$$

ただし, これらの計算式のうち (2-3-2)式から (2-3-5)式までの計算式が成立するためには条件があり, それは前項で述べたことからわかるように α_s の値が 1 以上でなければならないということである.

それでは α_s の値が 1 未満になった場合はどうなるかというと, 前項の**第2-2-1表**, **第2-2-2表**に示した通りに α の値が決定されることになり, エンクロージャ内容積を求める計算式は次の通りとなる.

$$V_{\min}(\text{実用値}) = \frac{720.38(S_u)^2}{m_0 (f_0)^2} \quad [\text{m}^3] \cdots (2\text{-}3\text{-}8)$$

$$V_{\min}(\text{理論値}) = \frac{1801(S_u)^2}{m_0 (f_0)^2} \quad [\text{m}^3] \cdots\cdots (2\text{-}3\text{-}9)$$

$$V_s = V_{as} = \frac{3601.9(S_u)^2}{m_0 (f_0)^2} \quad [\text{m}^3] \cdots\cdots (2\text{-}3\text{-}10)$$

$$V_{\max} = \frac{7203.8(S_u)^2}{m_0 (f_0)^2} \quad [\text{m}^3] \cdots\cdots\cdots (2\text{-}3\text{-}11)$$

前項で述べた通り，(2-3-10)式で求められる V_s は T・S パラメータにおける V_{as} であり，これを先に求め，(2-3-6)式と (2-3-7)式に代入することによって V_{min} と V_{max} を求めることもできる．

以上によって求められるエンクロージャ内容積は密閉型，位相反転型双方に適用されるのだが，従来，位相反転型の長所として低域再生限界周波数が同じであれば，密閉型より容積を小さくできるということが謳われている．視点を変えれば，同じ容積であれば密閉型より位相反転型のほうが低域再生限界周波数を低くすることができるということもいえるわけで，どちらも正しいのであるが，前項で述べた通りエンクロージャ内容積を V_{min} 未満に採ることや V_{max} を超えた値に採ることは不適切であることを忘れてはならない．

以上述べたことから通常の高忠実度再生を目的としたスピーカユニットの場合は，それが持つ能力を効率的に発揮させ，よりよい音質を得るためには密閉型，位相反転型を問わず，エンクロージャ内容積は**第2-2-1表**，**第2-2-2表**に示した α の理論値によって求められる適合範囲内に採るべきであることはいうまでもない．

ところで近年，カーオーディオが盛んになり，サブウーファと称する低音域用スピーカユニット，またはスピーカシステムが出回っているのだが，ユニットの場合の推奨容量，そしてシステムの場合の実効内容積はユニットの口径の割には小さいものが多い．それは設置場所が車内という狭い空間に制限されるからであるのだが，しかしそのような小さな容積でも，実用上支障のない豊かな低音再生ができるような工夫がなされている．

その工夫とは，これまでに述べてきたことか

らわかるように m_0 を大きくするとともに f_0 が低くなりすぎないようにすることであり，そうすることによって V_{min} をより小さくすることができるわけである．

具体的な例を挙げると，次に示すような規格を持つ30cm口径サブウーファユニットの場合である．

$$f_0 = 23.5 \ [\text{Hz}],$$
$$m_0 = 245.6 \ [\text{g}],$$
$$S_u = 483.2 \ [\text{cm}^2]$$

(2-2-1)図から C_{0s} を読み取ると0.48であり，(2-2-7)式によって α_s を計算すると，0.3891となる．α_s が0.5未満であるからこの場合は前項で述べたように α_s は1とみなし，α_{min} は0.5，α_{max} は1.9454となる．そして1とみなした α_s を(2-3-3)式に代入して V_s を計算すると62リットルとなるのだが，これは T・S パラメータにおける V_{as} であり，この場合 V_{as} は最適値と考えてよい．続いて (2-3-6)式と (2-3-7)式を用いて V_{max}，V_{min} を計算すると，それぞれ124リットル，31.9リットルとなり，口径の割には小さい容積でよいということになる．ここで例に挙げた30cm口径サブウーファユニットは過渡特性の悪化を防ぐため強力な磁気回路を持っているのだが，高忠実度再生を目指して実際に設計する場合は，エンクロージャの十分な補強および吸音材を多めに使用すること，さらに内部抵抗の小さな増幅器を用いるなどの対処も必要となろう．

さてエンクロージャ実効内容積 V_r というのは，その言葉の通りエンクロージャ内部の補強材の体積や吸音材の等価体積，そしてスピーカユニットがエンクロージャ内部に占める部分の体積，さらに位相反転型の場合はダクトの体積

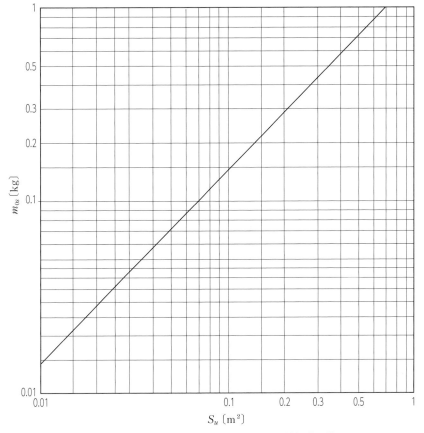

第 2-3-1 図　振動系実効質量の基準値対実効振動面積

をも差し引いた実質的な容積のことであり，次の通りとなる．

$V_r =$ エンクロージャ内容積 − 補強材体積
　　　− 吸音材等価体積 − スピーカユニット体積
　　　− ダクト体積

　ところが，吸音材についてはその等価体積を求めることが難しく，仮に求められたとしてもそれを単純に差し引いただけでは片付けられない問題がある．

　それは何かというと，吸音材は吸音率が高いほど，また厚く張るほど，そして量が多いほど音波の反射を抑制するとともに，空気とは硬さの違うバネとして作用し，さらにはエンクロー

ジャ内部の圧力変動を吸収する緩衝器（shock absorber）としても機能するため，スピーカユニットから見たエンクロージャのスティフネスが小さくなり，見かけ上，内容積が増加したことになるということである．このことはエンクロージャを小さくしたい場合には好都合となるのだが，どのくらい増加したことになるのかという割合は吸音材の種類と量および張り方によって変化し，しかもスピーカユニットの振動系実効質量 m_0 の値にも依存性があることから，吸音材を張ったことによる見かけ上の容積の増加率を普遍性のある数値として示すことは困難である．したがって，どのくらい増加したことになるのかを予め知りたいという場合は経験と勘によって推測しなければならないのだが，その

増加率は最大で30％程度の範囲である.

この値を目安に設計に応じた見積もりをするのだが,まず吸音材の厚さと密度が同じとすれば,グラスウールは大き目の値を,動植物性ウールは中くらいの値を,そして化学繊維の場合は吸音率の相対値を調べて,それなりの値を見積もる.また同じ吸音材ならば量に比例して見積もることはいうまでもない.

次にスピーカユニットの実効振動質量 m_0 の値に比例して見積もるのだが,その場合の目安として実効振動面積 S_u を媒介変数とし,m_0 の基準値を m_{0s} としたグラフを**第2-3-1図**に示す.すなわち当該スピーカユニットの m_0 の値がこのグラフに示した基準値を表す線上か,線に近い場合の容積増加率は中くらい（10 ～ 20％）であると判断する.そして基準線の下であればあるほど増加率は小さく（0 ～ 10％）,上であればあるほど増加率は大きい（20 ～ 30％）と判断したうえで見積もるわけである.

そしてエンクロージャが完成したならば,当該スピーカユニットを取り付けてインピーダンス特性を測定し,そこから f_{0c} を読み取ればスピーカユニットから見た見かけ上のエンクロージャ実効内容積の正確な値を計算によって求めることができる.すなわち吸音材を張った場合におけるスピーカユニットから見た見かけ上の実効内容積を V_{ra} とすると,V_{ra} は次式によって計算される.

$$V_{ra} = \frac{3601.9(S_u)^2}{(f_0)^2 m_0 \left\{ \left(\frac{f_{0c}}{f_0} \right)^2 - 1 \right\}} \quad \text{〔m}^3\text{〕}$$

$$\cdots\cdots\cdots\cdots\cdots\cdots\cdots (2\text{-}3\text{-}12)$$

ところで米国の AR（Acoustic Research）社が1954年に発表したアクースティックエアサスペンション方式といわれる内容積の小さな密閉型スピーカシステムがあるのだが,それは容積の小さいエンクロージャでも低音が出るようにするため,磁気回路が強力で m_0 が大きいスピーカユニットを用いるとともに,エンクロージャ内部を吸音材で満たすようにしてスピーカユニットから見た等価的なスティフネスが最小になるようにした設計のものである.したがって特別な方式のものではないのだが,当時としては画期的な製品であった.

このように吸音材によるエンクロージャの等価的なスティフネスの変化を積極的に利用する場合,吸音材は f_{0c} が最も低くなるように種類と量および張り方を調節すればよいと考えられる.ただし,その結果エンクロージャ内部全体を吸音材で満たすことになったとしても,スピーカユニットの後ろ側には一定の空間を確保しておく必要がある.

一定の空間というのは,m_a に相当する空気量が確保できる空間という意味であり,それは前章**1-2項**で述べたように,吸音材が空気付加質量 m_a の媒介変数になることから,スピーカユニットの後ろ側には m_a に相当する空間が確保されていないと,振動板の本来の動きが妨げられてしまうと考えられるからである.

吸音材に関してはもう一つ重要な側面があり,それはエンクロージャを位相反転型とした場合,ダクトの等価長さを決定付ける媒介変数の一つになるということである.このことについての詳細は第4章において述べる.

《参考》

容積：容器がその中に満たし得る分量.

体積：立体の空間を占める大きさ,かさ.

2-4 エンクロージャの寸法を求める

位相反転型であれ密閉型であれ，エンクロージャは容積のみならず，寸法や形状についても考慮する必要がある．

まず，エンクロージャ奥行き内寸が小さい場合，裏板がスピーカユニットに近くなり，裏板に張られた吸音材がユニットを覆うような状態になっていると，前章**1-2項**で述べた空気付加質量 m_a に相当する空気が振動するときの自由度が阻害されて音質に悪影響が出ると考えられる．

また位相反転型の場合は，この時点では未定であるとはいえ，ダクトの長さを考慮しなければならない．これらのことから，奥行き内寸は極端に小さくはできない．そこでエンクロージャの寸法は，まず奥行き内寸をどのくらいにするかを考えるのだが，原則として密閉型，位相反転型ともにスピーカユニット振動板の後端から裏板に張られた吸音材の表面までの距離が，振動板の直径である $2a$ 以下にならないようにするのが前提条件となる．その上で余裕を持たせた寸法に決めておく．

次にエンクロージャ内部の形状については，卵型にすると対向する平面がないため，定在波が発生せず理想とされているのだが，これは至難の業である．そこで実際は箱型にして，その寸法を工夫するというのが一般的である．

寸法の工夫とは，簡単にいえば縦，横，奥行きの寸法比を定在波が発生しにくい数値にする

のだが，それを計算するには従来から示されている次式を用いて計算する．

$$f = \frac{c}{2} \sqrt{\left(\frac{x}{L}\right)^2 + \left(\frac{y}{W}\right)^2 + \left(\frac{z}{H}\right)^2} \quad (\mathrm{Hz})$$

$$\cdots\cdots\cdots\cdots\cdots\cdots (2\text{-}4\text{-}1)$$

上式において，L は長さであり，エンクロージャに適用する場合は高さ H に読み替える．W は幅で読み替える必要はない．H は高さで，エンクロージャに適用する場合には奥行き D に読み替える．そして x, y, z には0，または正の整数を代入するのだが，0を代入する場合は定在波がないものとする場合であり，1を代入すると定在波の一番低い周波数が，2を代入するとその2倍の周波数が，3を代入すると3倍の周波数がそれぞれ計算される．

すなわち，上式を用いて計算される定在波の周波数が，特定の周波数に偏らないような L, W および H の値の比を探し出すわけである．

しかし，すでに一般的な方形の空間で定在波を嫌う場合における L, W, H の好ましい寸法比が計算され，巻頭の参考文献（27）～（29）にて一覧表になって発表されているので引用させていただき，それを**第2-4-1表**に示す．

エンクロージャの寸法を，この**第2-4-1表**に示された寸法比どおりに設計すれば，有害な強い定在波は発生する心配はないということである．

第2-4-1表　好ましいエンクロージャの寸法比（できれば太字の数値がよい）

H	W	L	H	W	L	H	W	L	H	W	L	H	W	L
1.0	1.1	1.3	1.0	1.3	3.3	1.0	1.4	3.9	1.0	1.6	3.8	1.0	2.1	2.8
〃	〃	1.4	〃	〃	3.4	〃	1.5	2.1	〃	〃	3.9	〃	〃	2.9
〃	〃	1.5	〃	〃	3.5	〃	〃	2.2	〃	1.7	2.2	〃	2.2	2.5
〃	〃	1.6	〃	〃	3.6	〃	〃	2.3	〃	〃	2.3	〃	〃	2.6
〃	1.2	1.3	〃	〃	3.7	〃	〃	2.4	〃	〃	2.4	〃	〃	2.7
〃	〃	1.4	〃	〃	3.8	〃	〃	3.1	〃	〃	2.5	〃	〃	2.8
〃	〃	1.5	〃	〃	3.9	〃	〃	3.2	〃	〃	2.6	〃	〃	2.9
〃	〃	1.6	〃	1.4	1.5	〃	〃	3.3	〃	1.8	2.3	〃	2.3	2.9
〃	〃	2.6	〃	〃	1.8	〃	1.6	1.8	〃	〃	2.4	〃	〃	3.1
〃	〃	2.7	〃	〃	1.9	〃	〃	1.9	〃	〃	2.5	〃	〃	3.2
〃	〃	2.8	〃	〃	2.1	〃	〃	2.1	〃	〃	2.6	〃	〃	3.4
〃	〃	2.9	〃	〃	2.2	〃	〃	2.2	〃	〃	2.7	〃	〃	3.5
〃	1.3	1.4	〃	〃	2.3	〃	〃	2.3	〃	〃	2.8	〃	2.6	3.7
〃	〃	1.6	〃	〃	2.6	〃	〃	2.4	〃	1.9	2.4	〃	〃	3.8
〃	〃	1.7	〃	〃	3.1	〃	〃	2.5	〃	〃	2.5	〃	〃	3.9
〃	〃	1.8	〃	〃	3.2	〃	〃	2.6	〃	〃	2.7	〃	2.7	3.3
〃	〃	1.9	〃	〃	3.3	〃	〃	2.7	〃	〃	2.8	〃	〃	3.4
〃	〃	2.1	〃	〃	3.4	〃	〃	2.9	〃	〃	2.9	〃	〃	3.5
〃	〃	2.2	〃	〃	3.5	〃	〃	3.1	〃	2.1	2.4	〃	〃	3.6
〃	〃	2.4	〃	〃	3.6	〃	〃	3.5	〃	〃	2.5	〃	〃	3.7
〃	〃	2.9	〃	〃	3.7	〃	〃	3.6	〃	〃	2.6	〃	〃	3.8
〃	〃	3.1	〃	〃	3.8	〃	〃	3.7	〃	〃	2.7	〃	〃	3.9

加銅鉄平著，誠文堂新光社刊『オーディオ再生技術』121ページより引用

そして，発生が避けられない分散された弱い定在波は，内部に吸音材を張ることによって押さえ込むことができるとされている．ここで注意しなければならないことは，吸音材の種類にかかわらず波長が長いほど，すなわち周波数が低いほど吸音率は低下するということである．しかし前項で述べたように吸音材を張ることによって，スピーカユニットから見たエンクロージャ内容積が見かけ上大きくなり，f_{oc}が下がることから，一定の効果があることはいうまでもない．すなわち吸音材による吸音とは，圧力変動の緩衝効果や，さらには振動や反射波の吸収効果の発揮をも意味することから疎かにはできない．

さらに吸音材は，空気とは硬さの違うバネとして作用するとともに，エンクロージャ内部の圧力変動を吸収する緩衝器（shock absorber）としても機能しており，これらの結果，スピーカユニットから見たエンクロージャのスティフネスが低下して，内容積が見かけ上増加したことになる．

このことについては前項で述べたが，位相反転型の場合はダクトの等価長さを決定付ける要素の一つになるという重要な側面が出てくる．そのことについては，この後の第4章の中で詳しく述べる．

また，吸音材の種類や量および張り方については，設計者の自由裁量によっている場合が多いようだが，6面あるエンクロージャ内面のうち，バッフル板内面を除く5面のそれぞれに対し，**第2-4-1図 (a)** に示すような波形に張るのを原則とする．しかし，厚さがある場合は図**(b)**に示すように平らに張り，固定金具によって結果的に波形になるようにしてもよい．

注意事項としては，これも前項で述べたことだが，吸音材がスピーカユニットの振動板の至近距離になるような張り方をしないことである．

さて，エンクロージャの寸法が決まり，実効内容積V_rが確定したならば，次に前章**1-2項**に戻って，V_rとS_bおよび吸音材によって決まるシステムとしての総合的な振動系等価質量m_{0c}を求めるのだが，まず最初に（1-2-10）式を用いてηの値を計算し，求められた値を**第1-2-1図**の横軸に採り，縦軸の質量付加率B_aを読み取る．

次に吸音材の種類と量および張り方によって，**第1-2-2図**から空気付加質量変化率B_dを読み取り，それらを（1-2-16）式に代入すると，その場合におけるm_{0c}が計算される．

以上によって求められたm_{0c}の値を次式に代入すると，αの実際値α_rが求められる．

$$\alpha_r = \frac{3601.9(S_u)^2}{V_{ra}\,m_{0c}\,(f_0)^2} \quad\cdots\cdots\cdots\cdots (2\text{-}4\text{-}2)$$

そして，エンクロージャの形式を位相反転型にする場合においても，まずは密閉型とした場合におけるf_{0c}とQ_{0c}を（2-1-15）式，（2-1-16）式を変形した次式によって求めておく．

$$f_{0c} = f_0\sqrt{\alpha_r + 1} \quad \text{〔Hz〕} \cdots\cdots (2\text{-}4\text{-}3)$$

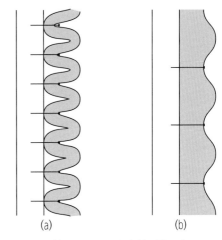

第 2-4-1 図　吸音材の貼り方

$$Q_{0c} = Q_0\sqrt{\alpha_r + 1} \quad\cdots\cdots\cdots\cdots\cdots (2\text{-}4\text{-}4)$$

前式からf_{0c}とQ_{0c}は次式のように表すこともできる．

$$f_{0c} = \frac{Q_{0c}f_0}{Q_0} \quad \text{〔Hz〕} \cdots\cdots\cdots\cdots (2\text{-}4\text{-}5)$$

$$Q_{0c} = \frac{f_{0c}\,Q_0}{f_0} \quad\cdots\cdots\cdots\cdots\cdots\cdots (2\text{-}4\text{-}6)$$

次に，スピーカシステムを設計製作するうえにおいて，音質上の影響が大きいと思われる基本的な要素が2つある．

一つはスピーカユニット自身の共振であり，もう一つはエンクロージャの共振と，そのシステムが設置される部屋の共鳴や共振および反射，そしてそれらの相互干渉である．しかし，スピーカユニットの共振は構造上および製造上の問題なので触れない．また部屋の影響と相互干渉についても，複雑で千差万別であることから詳細は他文献に譲り，ここではエンクロージャの共振についてのみ簡単に述べることにする．

エンクロージャの共振が強く起こると，その共振周波数およびその整数倍の周波数における出力音圧レベルが突出したり落ち込んだりしてしまうという現象が現れる．それはエンクロージャの共振によって発生する音波の位相と，スピーカユニットから放射される音波の位相が，その組み合わせによって複雑に変化するため，2つの音波が強め合ったり弱め合ったりするからであり，エンクロージャの形状や材質に関わらず，これを完全になくすことは不可能に近い．

したがって特定の周波数において強い共振が生じないように分散させるしか方法がなく，そのためには硬くて重い材料を用いるということだけではなく，補強を工夫する．その工夫とは，エンクロージャの前後，左右および上下の対抗した面の振動周波数が同じにならないように異なった補強を施すということであり，そしてそれは定在波の発生を抑える効果も期待できる．

また，従来から行われているように，バッフル板と裏板との間および左右両側板間に補強材を渡すという方法も有効であるのだが，場合によっては振動を助長してしまうこともあり，そ

の効果に対しては過度な期待は禁物である．

蛇足ながら，エンクロージャ内部の補強に際しては用いる材料の体積をあらかじめ求めておくとよい．

完成されたシステムにおいても，共振を少しでも押さえ込む努力をしたほうがよい場合が少なくない．その場合，エンクロージャに手を加えたくなければ，硬くて重い平らなものの上にシステムをべた置きとし，エンクロージャの上にも同様のものを乗せるという簡単な方法でも効果がある．

エンクロージャを乗せる置き台によって音質が変わると言われているのも，置き台によってエンクロージャの共振の強さや周波数が変化することと，それによって他の共振や反射との相互干渉も変化することが主な原因であると考えられる．

さて上述した補強の仕方も含めたエンクロージャの具体的な製作法については，巻頭に掲げた「参考文献」(23)，(25) など，良書があるので，そちらを参照されたい．

第 3 章

位相反転型エンクロージャにおけるチューニング周波数を求める

3-1 位相反転型エンクロージャの動作原理

以前から位相反転型スピーカシステムは音がよくないという人がいるらしいのだが，音質が決定される要素は無数にあり，人それぞれ好みもあるため，断定的な物言いは避けるべきであろう．

位相反転型エンクロージャというものは，聴く人の好みや都合に合わせて低域の特性をある程度調節することが可能であり，しかもダクトに吸音材などを詰めて塞げば，密閉型にすることも簡単にできるのである．

もし，正しく設計・製作・調整された位相反転型スピーカシステムの音が悪いと感じたのであれば，それは設置方法など聴き方が悪いか，そうでなければその人の個人的な好みに合わなかったか，あるいはその両方が原因であろうと考えられる．

一般論として，密閉型，位相反転型を問わず，スピーカシステムを設計・製作し，その音質を評価するとき，当該スピーカユニットとエンクロージャとの組み合わせのうえにおいての場合と，他のシステムと比較しての場合とを混同しないよう注意を要する．なぜなら，スピーカユニットには，それぞれ設計方針に基づいた個性や特色があり，エンクロージャの設計もそれに応じてなされなければならず，他のシステムとの比較だけに頼ると，間違った設計や評価をしてしまう危険性が生ずるからである．

従来，この区別が曖昧になっているのは，普遍性のあるエンクロージャ設計法が確立されていなかったためであろう．

さて，位相反転型エンクロージャは，ヘルムホルツの共鳴器といわれるものの原理を応用したスピーカキャビネット（箱）であるが，まず最初にそのヘルムホルツの共鳴器の概念を**第3-1-1図**に示す．この図の状態において，ある特定の周波数の音だけがその他の周波数の音よりも際だって強く聞こえるのだが，それは共鳴現象によるものであり，その強く聞こえる周波数

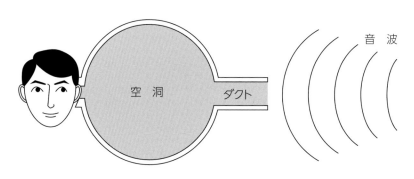

第 3-1-1 図 ヘルムホルツの共鳴器を表す概念図

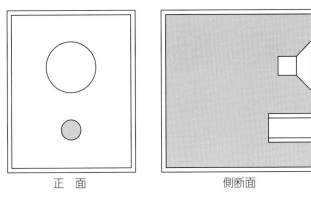

正面　　　　　　　　側断面

第3-1-2図　一般的な位相反転型スピーカシステムの構造

を共鳴周波数という.

この共鳴現象を発見したドイツの科学者H・V・ヘルムホルツは1860年，これを理論的に解明し，それによると**第3-1-1図**における空洞の容積を V〔cm³〕，ダクトの開口面積を S_d〔cm²〕，共鳴時におけるダクトの等価長さを L_e〔cm〕とすると，このときの共鳴周波数 f_r は次式によって表される．ただし，c は大気中の音速である．

$$f_r = \frac{c}{2\pi}\sqrt{\frac{S_d}{VL_e}} \quad \text{〔Hz〕} \cdots\cdots\cdots (3\text{-}1\text{-}1)$$

その後の1930年，米国のA・L・ツーラス（Thuras）がこのヘルムホルツの共鳴器を応用した位相反転型エンクロージャを創案したとされ，今日におけるそのエンクロージャを用いたスピーカシステムの一般的な構造は**第3-1-2図**に示すようになっている.

この図から，位相反転型エンクロージャを用いたスピーカシステムは，スピーカユニット背面からの音波によって共鳴を起こさせる構造になっていることはすぐにわかるのだが，その動作原理を具体的に理解するのは意外に難しい.

まず，スピーカユニットに信号を加え，その周波数を変化させた場合，エンクロージャの容積とダクトの寸法に応じた周波数で共鳴を起こし，ダクトから音波が放射される．その放射される音波の音圧周波数特性は**第3-1-3図**において一点鎖線で示したボタ山のような形をした特性となり，山の頂上の周波数が共鳴周波数 f_r である.

この図から単純に考えると，ボタ山のような形をした共鳴特性の右側の斜面，すなわち周波数が高いほうの斜面が，当該スピーカユニットとエンクロージャとの組み合わせにおいて，低域の出力音圧レベルが低下するのを補う形で重なり合うようにすれば，低域の再生帯域を広げることができそうに思われる．しかし通常は，スピーカユニット前面から放射される音波と，ダクトを通じてはいるものの背面から放射される音波は逆相のはずであり，そのため打ち消し合ってしまうと考えられる．ところがダクトから放射される音波の位相は180°遅れたものとなり，その結果，スピーカユニット前面から放射される音波の位相と同相になって互いに強め合うようになるのである．そこが位相反転型エンクロージャの妙である.

さて，音波は空気の疎密波であり，空気が濃くなったところと薄くなったところが次々と波のように空気中を伝播して行くもので，それは

空気の圧力変動波ともいえる.

位相反転型エンクロージャにおける共鳴というのは,前述したようにスピーカユニットの振動板背面から放射された(3-1-1)式で表される周波数の圧力変動波によって起こるのであるが,スピーカユニット背面から音波が放射されるに当たっては,エンクロージャ内部において振動板と一体になって振動する空気が存在し,それが振動板の質量の一部として作用している.その空気とは前章**1-2項**の(1-2-2)式の中で示した空気付加質量 m_a として示されているものである.この空気付加質量は体積に空気密度を乗じたものであることから,それを空気密度で除したものが体積となり,その体積を V_u とすると,

$$V_u = \frac{8\rho_0 a^3}{3\rho_0} = \frac{8a^3}{3} \ \text{〔m}^3\text{〕} \cdots\cdots\cdots (3\text{-}1\text{-}2)$$

となる.上式で表される量の空気がスピーカユニットの振動板と一体になって振動すると,スピーカユニット背面付近において同じ周期の圧力変動が生じ,それは,自由空間や無限大バッフルに取り付けられた場合であれば(2-1-8)式で表される音速で拡散して行き,このとき空気がバネとして作用するのはその圧力変動が到達した部分の空気のみである.

ところがエンクロージャに取り付けられた場合のように,スピーカユニットの後ろ側が狭い空間に囲われていると,放射された音波,すなわち圧力変動が閉じ込められるため,エンクロージャ内部の空気全体が弾性と粘性を持ったバネとして作用するようになる.

密閉型エンクロージャの場合,この空気バネはスピーカユニットの振動板の振動を抑制するように働き,それで動作は完結するのだが,位

相反転型の場合は,この圧力変動の周期が(3-1-1)式で表される周波数に相当するとき共鳴が起こる.

その共鳴とは,エンクロージャ内部の空気バネに繋がった,ダクトの等価空気質量という重りが激しく振動することであり,それはすなわちダクト内空気の振動である.その結果,ダクトから音波が放射されるわけだが,この共鳴はスピーカユニット振動板の振動開始と同時に起こるのではなく,圧力変動波が伝播して行き,エンクロージャ内部の全体に行き渡ったときから始まるのである.すなわち圧力変動波がエンクロージャ内部全体に行き渡るには時間を要するということであり,それは機械的なコイルバネの一端に加えられた振動が,すぐには反対側に伝わらないのと同じ原理である.

そしてその時間を半周期とする周波数を共鳴周波数とした場合を考えると,ダクトから放射される音波の位相は半周期,すなわち180° 遅れるため,スピーカユニット前面から放射される音波の位相と同相になる.このことはスピーカユニット背面から放射された音波の位相がエンクロージャ内部において反転し,ダクトから放射されるということもでき,これが位相反転型という呼称の由来になっている.

ここで**第3-1-3図**において破線で表してあるスピーカユニットの出力音圧レベルを見ると,周波数を低くしていって共鳴が起こり始めるとその音圧レベルは急激に低下し始め,共鳴周波数において最低となる.これは,もともと出力音圧レベルが低下して行く周波数領域であることに加えて,共鳴によるエンクロージャ内部の圧力変動は共鳴周波数に近づくほど大きくなって行き,しかもそれは,スピーカユニットの振動板が内側に動いたとき圧力が高まり,外側に

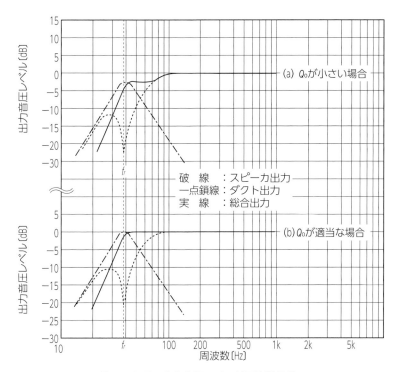

第 3-1-3 図　出力音圧レベル対周波数特性

動いたとき圧力が低下するという変動であるため，それによってスピーカユニット振動板の振動が押さえ込まれるからである．

　言い換えると，共鳴現象が強くなって行くに従ってスピーカユニットから放射される音波の割合が減って行き，共鳴周波数においては音波は，スピーカユニットからではなく，ダクトから放射されるということである．このことから位相反転型スピーカシステムにおける共鳴というのは，その共鳴周波数を中心にしたスピーカユニット振動板の振動エネルギーが，ダクト内空気の振動エネルギーに転化することであるともいえるのであり，それをうまく利用し，ダクトから放射される音波の出力音圧レベルがスピーカユニットの出力音圧レベルの低下を補う形で重なるように設計されたものが位相反転型スピーカシステムというわけである．

　ただし，共鳴周波数においてダクトからのみ

音波が放射されるのは位相反転型スピーカシステムとして典型的，かつ理想的な動作をさせることができる場合のことであり，実際には共鳴周波数におけるスピーカユニットからの音波とダクトからの音波の割合は，その設計によって千差万別となる．

　次に，共鳴周波数以下の周波数領域についてであるが，従来，その領域においてはダクトは単なる穴になるといわれることがあったようだが，それは間違いである．共鳴周波数以下の周波数領域ではどうなるかというと，スピーカユニット自身の再生能力が低下し，振動板の振幅速度が遅くなるため，それによって起こされた圧力変動がエンクロージャ内部において伝播して行く過程での空気の弾性と粘性による影響が少なくなってくる．

　言い換えると，エンクロージャ内部空気のバネとしての作用が薄れてくるのだが，このこと

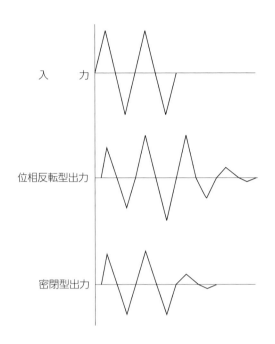

入　力

位相反転型出力

密閉型出力

第 3-1-4 図　過渡特性の概念図

は団扇で風を起こそうとするとき，その動きを遅くすると抵抗が小さくなって風が起こりにくくなることから理解できるであろう．そうするとエンクロージャ内部における圧力変動の伝播速度は速くなり，それが半周期遅れていたダクト内空気の振動を打ち消すように，すなわち 180° 遅れていた振動の位相を引っ張るように作用するため，位相は急激に半周期進むことになる．その結果，共鳴周波数より低い周波数領域では，ダクトから放射される音波の位相とスピーカユニット前面から放射される音波の位相は逆相になって互いに打ち消し合い，もともとこの周波数領域はスピーカユニットの再生能力が大幅に低下していることと相まって，周波数が低くなるほど合成された出力音圧レベルは急激に低下して行くことになる．

　ところが出力音圧レベルは打ち消しによって低下するものの，ダクト内空気の振動は続いており，それによる圧力変動がスピーカユニット

振動板の振動を助長するように働く．そのためこの周波数領域の強い信号が加わると，振幅速度が遅いことから音にはならないものの，振幅過大となって混変調歪みが発生したり，極端な場合はユニットの劣化や破損につながるので注意を要する．

　また共鳴周波数における動作状況を三角波によって概念的に表した**第 3-1-4 図**からわかるように，信号がなくなった後の収束時間が長くなるという点が密閉型と比べると若干劣り，この過渡特性の悪化と，前述した共鳴周波数以下における出力音圧レベルの急激な低下という 2 つのことが位相反転型スピーカシステムの短所とされている．しかしどちらも動作原理上のものであることから，短所ではなく副作用であろう．この副作用のうち過渡特性の悪化ということについていうと，スピーカシステムを一般的な部屋に実際に設置して聴取する音は，直接音と，天井，壁，床から反射した間接音との合成音であり，その場合における人間の過渡特性に対する判別能力はそれほど高くはないとされていることから，エンクロージャ内部に張る吸音材を多めにすることと，駆動する増幅器を内部抵抗の小さいものにすることによって実用上支障はなくなる．

　密閉型と比較した場合についてさらにいえば，何をどのような目的で再生するのかということなどを考え合わせて総合的に判断すると，位相反転型のほうに軍配が上がるであろうことは，現実に位相反転型スピーカシステムが圧倒的多数を占めていることから明らかである．

　以上述べた位相反転型エンクロージャの動作原理は，この後の第 4 章を参照することによって，より理解が深まるはずである．

3-2 チューニング周波数の最適値を求める

　従来，スピーカシステムを設計する場合，密閉型・位相反転型を問わず最大平坦特性が唯一目標にすべき特性とされているようだが，それは間違いとはいえないものの，現実にそぐわない．なぜならスピーカユニットの規格および組み合わせるエンクロージャはさまざまであり，最大平坦特性を目標にすると不適切なものになってしまう組み合わせが出てくるからである．

　実際，最大平坦特性を目標とすることが最良といえる組み合わせはまれであり，通常は第3-1-3図 (a) に示すような最適平坦特性を目標とするのが最良といえる場合が多い．

　一般論としては，組み合わせに応じて適切な特性といえる範囲があり，その範囲内になるような設計が正しいということになる．

　さて，位相反転型エンクロージャにおける共鳴周波数 f_r は，上述したように当該スピーカユニットとエンクロージャとの組み合わせに応じて，第3-1-3図に示すように，音圧周波数特性が最適平坦，または最大平坦になるような周波数でなければならない．その周波数は (3-1-1) 式によって表されるのだが，しかしこの計算式は，外部からの音波によって，空洞（エンクロージャ）の容積とダクト開口面積およびその等価長さに基づいて起こる弱い共鳴の周波数を示すものである．位相反転型エンクロージャというものは，ヘルムホルツの共鳴器における空洞部分にスピーカユニットを取り付け，その背面からの音波

を原動力として強い共鳴を発生させようとするものであり，そのためこの計算式を用いて当該スピーカユニットとエンクロージャとの組み合わせに適した共鳴周波数を求めることはできない．それではその共鳴周波数はどのようにして求めるのかというと，「チューニング周波数」という考え方を導入する．

　上述したように，位相反転型エンクロージャにおいてスピーカユニット背面からの音波によって共鳴を起こさせた場合を考えると，そのときスピーカユニットの振動板は，当然その共鳴周波数と同一の周期で振動しているはずであり，そこでその周波数をチューニング周波数 f_t と名付け，これを求める方法を考える．それは次の通りである．

　第2章における (2-1-4) 式は，スピーカユニットから見たエンクロージャのスティフネスであるが，前述したように位相反転型エンクロージャでは，共鳴時にダクト内空気が振動することから，その空気を振動板とみなしてスピーカユニットの場合と同様に，ダクトから見たエンクロージャのスティフネスを s_{cd} とすれば，それを求める計算式として次式が導かれる．

$$s_{cd} = \frac{\rho_0 c^2 (\pi r^2)^2 \times 10^{-3}}{V} \quad \text{[N/m]}$$

$$\cdots\cdots\cdots\cdots\cdots\cdots (3\text{-}2\text{-}1)$$

上式における r というのはダクト開口面積 S_d の等価半径のことであり，次式によって表される．

$$r = \sqrt{\frac{S_d}{\pi}} \quad \text{〔m〕} \cdots\cdots\cdots\cdots\cdots (3\text{-}2\text{-}2)$$

そして（3-2-1）式を V について変形し，(3-1-1) 式に代入すると，

$$f_r = \frac{c}{2\pi} \sqrt{\frac{s_{cd} S_d}{\rho_0 c^2 (\pi r^2)^2 L_e \times 10^{-3}}}$$

$$= \frac{1}{2\pi} \sqrt{\frac{s_{cd} \times 10^3}{\rho_0 S_d L_e}} \text{〔Hz〕} \cdots\cdots (3\text{-}2\text{-}3)$$

となる．上式において，ルートの中の分母を見ると，ダクトの等価体積に空気密度を乗じたもの，すなわちダクトの等価空気質量 m_d である．

$$m_d = \rho_0 S_d L_e \quad \text{〔kg〕} \cdots\cdots\cdots\cdots (3\text{-}2\text{-}4)$$

ゆえに（3-2-3)式は，次式のように表すことができる．

$$fr = \frac{1}{2\pi} \sqrt{\frac{s_{cd} \times 10^3}{m_d}} \text{〔Hz〕} \cdots\cdots (3\text{-}2\text{-}5)$$

上式は(3-1-1)式と同じく共鳴周波数を表すものだが，これは m_d という質量を持ったダクトの仮想振動板が，s_{cd} で表されるエンクロージャ内部の空気バネと組み合わさって，f_r という周波数で表される周期で振動するということを意味する．そしてその振動を起こさせる駆動源となるスピーカユニットの振動板は f_r に等しい周期で振動すればよいはずである．それをチューニング周波数 f_t とすると，f_t は m_0 という質

量を持ったスピーカユニットの振動板と，s_{cs} で表されるエンクロージャ内部の空気バネとが組み合わさって決定されると考えられることから，上式と同形の次式が導かれる．

$$f_t = \frac{1}{2\pi} \sqrt{\frac{s_{cs} \times 10^3}{m_0}} = \quad \text{〔Hz〕} \cdots\cdots (3\text{-}2\text{-}6)$$

上式に（2-1-4)式および既知定数を代入すると，次式の通りとなる．

$$f_t = \frac{1}{2\pi} \sqrt{\frac{\rho_0 c^2 \times (S_u)^2}{V m_0}}$$

$$= S_u \sqrt{\frac{3601.9}{V m_0}} \text{〔Hz〕} \cdots\cdots\cdots (3\text{-}2\text{-}7)$$

上式の右辺において，V 以外はすべて定数であり，ゆえに f_t は V の関数であることがわかる．そこでこの（3-2-7)式に (2-3-1)式を代入すると，

$$f_t = S_u \sqrt{\frac{3601.9 \alpha m_0 (f_0)^2}{3601.9 (S_u)^2 m_0}}$$

$$= \sqrt{\alpha (f_0)^2} = f_0 \sqrt{\alpha} \quad \text{〔Hz〕} \cdots (3\text{-}2\text{-}8)$$

となって，チューニング周波数 f_t は f_0 を基準に α の平方根に比例するということがわかる．そしてこのときの f_t は，前章**第 2-1-1 図**と (2-1-15)式および**2-2 項**で述べたことと (2-4-3)式から，当該スピーカユニットとエンクロージャとの組み合わせにおける共鳴周波数，すなわちチューニング周波数の最適値であると考えられることから，それを f_{ts} とすれば，

$$f_{ts} = f_0 \sqrt{\alpha} \quad \text{〔Hz〕} \cdots\cdots\cdots\cdots (3\text{-}2\text{-}9)$$

と表され，この f_{ts} は**第3-1-3図（a）**または**（b）**の実線で示したような最適平坦，または最大平坦になる出力音圧周波数特性を得るための基本的な条件である．さらに (2-1-15)式を f_0 について変形し，上式に代入すると，

$$f_{ts} = f_{0c} \sqrt{\frac{1}{\alpha+1} \times \sqrt{\alpha}}$$

$$= f_{0c} \sqrt{\frac{\alpha}{\alpha+1}} \quad 〔\mathrm{Hz}〕 \cdots\cdots\cdots (3\text{-}2\text{-}10)$$

となって，f_{0c} を基準に f_{ts} を求めることもできる．ただし，この (3-2-9)式，(3-2-10)式は，α の値が 0.5 以上の場合に成立するものであり，0.5 未満の場合は次の通りである．

$$f_{ts} = f_0 \sqrt{1-\alpha} \quad 〔\mathrm{Hz}〕 \cdots\cdots\cdots (3\text{-}2\text{-}11)$$

$$f_{ts} = f_{0c} \sqrt{\frac{1-\alpha}{2-\alpha}} \quad 〔\mathrm{Hz}〕 \cdots\cdots (3\text{-}2\text{-}12)$$

なぜこのようになるのかというと，前章**2-1項**で述べたことと**第2-1-2図**から，α を 0.5 未満とした場合は 0.5 の場合よりチューニング周波数を高く採らないと最適平坦，または最大平坦により近い特性が得られないからである．

言い換えると α の値を 0.5 未満に採った場合，厳密な意味での最適平坦，または最大平坦特性は得られないとも言えるわけで，ゆえに α の値を 0.5 に採った場合，チューニング周波数の最適値 f_{ts} は最小値となり，それぞれ次式の通りである．

$$f_{ts} = f_0 \sqrt{0.5}$$

$$≒ 0.7071 f_0 \quad 〔\mathrm{Hz}〕 \cdots\cdots\cdots (3\text{-}2\text{-}13)$$

$$f_{ts} = f_{0c} \sqrt{\frac{0.5}{1.5}}$$

$$≒ 0.5774 f_{0c} \quad 〔\mathrm{Hz}〕 \cdots\cdots\cdots (3\text{-}2\text{-}14)$$

密閉型スピーカシステムにおける低域再生限界は，システムとしての最低共振周波数 f_{0c} であり，(2-1-11)式と (2-1-12)式からわかる通り，その f_{0c} は f_0 以下にはできないことから，上式は位相反転型のほうが密閉型より低域再生限界を大幅に拡大できるということを意味する．また一般的にシステムとしての再生周波数範囲を数値で表す場合の基準は低域，高域とも出力音圧レベルが10dB低下する周波数ということになっており，それを基準に考えると，**第3-1-3図**から位相反転型スピーカシステムにおける低域再生限界周波数は，チューニング周波数よりさらに低くなることがわかる．

さて，α を 0.5 に採ったとき，チューニング周波数の最適値 f_{ts} が最も低くなることは前述した通りだが，これが従来 0.5 を理想値と呼んでいた根拠の一つと思われる．しかし α の値については，前章において最適値と考えてもよい標準値 α_s が計算され，その計算根拠からすると α_s が0.5未満になるスピーカユニットや，$\alpha_{\min}$ が 0.5 以上になるユニットが存在すること，また α を0.5未満に採った場合は，音質上の好みの問題を別にすれば無駄であり，不経済であるということを述べた．

これらのことからチューニング周波数についても f_0 の 0.7071 倍に採ることがすべてのスピーカユニットにおいて最良というわけではないことがわかり，これが前章**2-1項**において α の値として 0.5 を理想値と呼ぶのは不適切であると述べた理由である．また，(3-2-13)式，(3-2-14)式から次式が成立する．

$$0.7071 f_0 = 0.5774 f_{0c} \cdots\cdots\cdots \quad (3\text{-}2\text{-}15)$$

上式を f_{0c} について変形すると，

$$f_{0c} = \frac{0.7071}{0.5774} f_0$$
$$= 1.2247 f_0 \quad \text{〔Hz〕} \cdots\cdots \quad (3\text{-}2\text{-}16)$$

となり，これは α の値を 0.5 に採った密閉型エンクロージャを考えた場合，そのときのシステムとしての最低共振周波数 f_{0c} は 1.2247 f_0 になるということである．

ところで f_r と f_t が等しいならば，次式が成立するはずである．

$$\frac{1}{2\pi} \sqrt{\frac{s_{cd} \times 10^3}{m_d}} = \frac{1}{2\pi} \sqrt{\frac{s_{cs} \times 10^3}{m_0}}$$
$$\cdots\cdots\cdots\cdots\cdots \quad (3\text{-}2\text{-}17)$$

上式を整理すると，

$$\frac{s_{cd}}{m_d} = \frac{s_{cs}}{m_0} \cdots\cdots\cdots\cdots\cdots \quad (3\text{-}2\text{-}18)$$

となって，この式と (2-1-4)式および (3-2-1)式

から次式が導かれる．

$$m_d = \frac{m_0 s_{cd}}{s_{cs}}$$
$$= m_0 \left(\frac{S_d}{S_u}\right)^2 \quad \text{〔kg〕} \cdots\cdots \quad (3\text{-}2\text{-}19)$$

$$m_0 = \frac{m_d s_{cs}}{s_{cd}}$$
$$= m_d \left(\frac{S_u}{S_d}\right)^2 \quad \text{〔kg〕} \cdots\cdots \quad (3\text{-}2\text{-}20)$$

そして上式から，従来示されている位相反転型エンクロージャにおける設計条件の理想とされる次式が導かれる．

$$S_d = S_u \cdots\cdots\cdots\cdots\cdots\cdots\cdots \quad (3\text{-}2\text{-}21)$$

$$m_d = m_0 \cdots\cdots\cdots\cdots\cdots\cdots \quad (3\text{-}2\text{-}22)$$

しかし (3-2-19)式および (3-2-20)式が成立する条件は，この2つ以外にも無数に考えられる．その中で，なぜこの2条件が理想であるのか，そして現実にはどうすればよいのか，それらは次章以降において順次説明して行く．

次にチューニング周波数の適合範囲を考える．

3-3 チューニング周波数の適合範囲を求める

前章**2-1項**で述べた通り，低域の出力音圧周波数特性上における盛り上がりやうねりについては，Q_{0c} が0.7079のときを中心に一定の適合範囲があるわけだが，そうするとエンクロージャ実効内容積が一定であってもチューニング周波数を変えると出力音圧周波数特性が変化するはずであるから，チューニング周波数にも一定の適合範囲が考えられる．

その適合範囲を求めるために，まずチューニング周波数の最適値 f_{ts} を求める（3-2-9）式を見ると，f_0 は定数であるから f_{ts} は α の平方根に比例することがわかる．それならば適合範囲は前章**2-2項**で求めた α_{max} と α_{min} をこの式に代入すればよいのでは，と思うかもしれないが，それは間違いである．なぜならこの α_{max}, α_{min} はエンクロージャ実効内容積の適合範囲を求めるためのものであるのに対して，(3-2-9)式に代入すべき α の値は実際に決定されたエンクロージャ実効内容積から求められる値，すなわち(2-4-2)式によって求められる実際値 α_r でなければならないからである．

チューニング周波数の

最適値 f_{ts} はその α_r の関数であり，実際の場合における f_{ts} を求める計算式は，次式のように表さなければならない．

$$f_{ts} = f_0 \sqrt{\alpha_r} \quad \text{〔Hz〕} \cdots\cdots\cdots\cdots (3\text{-}3\text{-}1)$$

これはエンクロージャ実効内容積が確定すると α_r は定数となり，その結果 f_{ts} も定数になるということを意味する．ゆえにチューニング周波数の適合範囲は，その f_{ts} を基準に考えなければならないということであり，前章で求めた α_{max}, α_{min} の値をそのまま（3-2-9）式に代入して得られる値はチューニング周波数の適合範囲とはならないのである．

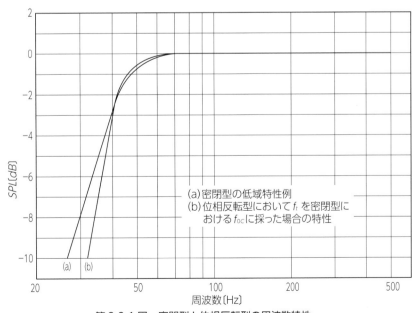

(a)密閉型の低域特性例
(b)位相反転型において f_t を密閉型における f_{oc} に採った場合の特性

第 3-3-1 図　密閉型と位相反転型の周波数特性

61

それではチューニング周波数の適合範囲はどのようにして求めるのかというと，まず適合範囲のうち上限値を f_{th} とすれば，それは当該エンクロージャを同じ条件で密閉型とした場合の f_{0c} 未満になることは明白である．すなわち，通常，システムとしての再生周波数範囲は低域高域ともに出力音圧レベルが10dB低下する周波数で表されることになっており，そうするとチューニング周波数を f_{0c} 以上に採ると，**第3-3-1図**に示すように密閉型のほうが低域再生限界周波数が低くなり，位相反転型にする意味がなくなるからである．

この**第3-3-1図**について具体的にいえば，密閉型の場合，f_{0c} 以下の周波数領域における出力音圧レベルの減衰度は，概略オクターブあたり $-12\mathrm{dB}$ であるのに対して，位相反転型の場合は前述した通り，f_t 以下の周波数領域ではダクトからの音波の位相が逆相となって打ち消しあってしまうため，減衰度は概略オクターブあたり $-24\mathrm{dB}$ となり，その結果，低域再生限界は密閉型のほうが低くなるのである．

ところで，従来，低域再生限界を f_0 以下にできなければ位相反転型にする意味がないといわれることがあったようだが，前章**2-2項**で述べたことと（3-3-1）式から，それは間違いであることがわかる．

以上のことからチューニング周波数の適合範囲を考えると次の通りである．まず $\alpha_{\min}$ が0.5となるようなスピーカユニットの場合において，α_r を0.5に採ると f_{ts} は（3-3-1）式から，

$$f_{ts} = 0.7071 f_0 \ \ \text{〔Hz〕} \ \cdots\cdots\cdots\cdots (3\text{-}3\text{-}2)$$

となる．そしてチューニング周波数の上限値を f_{th}，下限値を f_{tl} とすると，それは前章 **2-1項**

で述べたことと，前項で述べたことから，上記 f_{ts} を中心にして $\pm 3\,\mathrm{dB}$ となる周波数であると考えられる．ゆえに，

$$f_{th} = 0.7071 f_0 \times 1.4142 \fallingdotseq f_0 \ \ \text{〔Hz〕}$$
$$\cdots\cdots\cdots\cdots\cdots\cdots\cdots (3\text{-}3\text{-}3)$$

$$f_{tl} = 0.7071 f_0 \times 0.7079 \fallingdotseq 0.5 f_0 \ \ \text{〔Hz〕}$$
$$\cdots\cdots\cdots\cdots\cdots\cdots\cdots (3\text{-}3\text{-}4)$$

である．これらのことから α_r が任意の値の場合を考えると，まず f_{th} については f_{0c} を求める（2-4-3）式と上記（3-3-3）式から下式が導かれる．

$$f_{th} = f_0 \sqrt{\alpha_r + 1 - \frac{\alpha_{\min}}{\alpha_r + \alpha_{\min}}} \ \ \text{〔Hz〕}$$
$$\cdots\cdots\cdots\cdots\cdots\cdots\cdots (3\text{-}3\text{-}5)$$

すなわち f_{0c} を求める（2-4-3）式におけるルートの中の計算値から，α_r と $\alpha_{\min}$ が同値の時に0.5となるような計算式に基づいた値を差し引くことによって f_{th} が求められる．

次に下限値 f_{tl} については（3-3-1）式と（3-3-4）式から下式が導かれる．

$$f_{tl} = 0.7079 f_0 \sqrt{\alpha_r} \ \ \text{〔Hz〕} \cdots\cdots\cdots (3\text{-}3\text{-}6)$$

これらの計算式はA，Bどちらのグループに属するスピーカユニットにおいても適用することができるのだが，α_r の値が，それぞれ**第2-2-1表**および**第2-2-2表**に示した適合範囲内であることが条件となる．この課された条件が満たされない場合は，前章第2項で述べた通り，位相反転型のみならず，密閉型においても不適切な設計ということになる．

第 4 章

位相反転型エンクロージャにおけるダクトのすべて

4-1 ダクトにおける音波の振る舞い

一般的にダクトの状態というのは無数に考えられ，しかもそれらにおける音波の振る舞いについては目に見える形での直接的な実験が難しい．しかし真円直管の場合における音波の振る舞いについては，古くから楽器などに応用されていたことから解明が進んでおり，そこで位相反転型エンクロージャのダクトを真円直管とし

た場合における音波の振る舞いについて既知理論に基づいて考察する．

まず，(3-1-1)式における L_e というのはダクトの等価長さのことであり，それは次式によって表される．

$$L_e = L + L_i + L_o \quad 〔m〕 \cdots\cdots\cdots (4\text{-}1\text{-}1)$$

上式において L というのはダクトの機械的長さのことであり，**第3-1-2図**に示すように，エンクロージャのバッフル板にダクトを設ける場合，当然のことながら，そのバッフル板の厚さ t_b を含めたものである．また L_i というのはダクト内側端においてダクトが延長されたと見なされる長さであり，L_o というのは同じく外側端において延長されたと見なされる長さである．この L_i と L_o はさらに2つに分けられ，次のように表される．

$$L_i = L_{ir} + L_{im} \quad 〔m〕 \cdots\cdots\cdots (4\text{-}1\text{-}2)$$

$$L_o = L_{or} + L_{om} \quad 〔m〕 \cdots\cdots\cdots (4\text{-}1\text{-}3)$$

さて，位相反転型エンクロージャのダクトを内面が滑らかな真円直管とした場合，ダクト内部の空気は振動板と見なすことができるのだが，実際は空気であり，それが振動するわけで，それによって生ずる音波はダクト内部においては

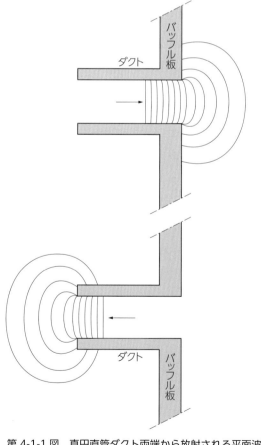

第4-1-1図　真円直管ダクト両端から放射される平面波

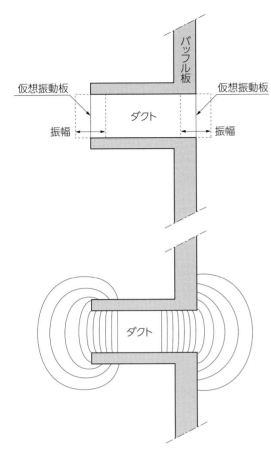

第 4-1-2 図　ダクト両端の振動板をピストン
運動させたときの音波の振る舞い

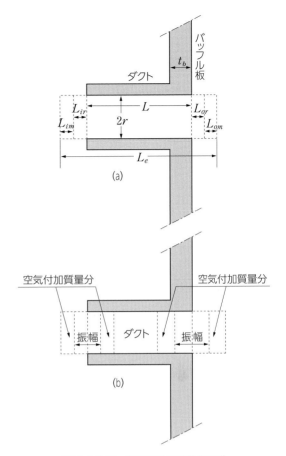

第 4-1-3 図　仮想振動板の往復運動

平面波と見なすことができる.

　そして，その平面波がダクト両端から放射されるとき,第4-1-1図に示すように次第に球面波になって行くのだが，そのときの音波の振る舞いはダクト両端に振動板を仮想し，それが振動した場合をスピーカユニットの場合になぞらえて考えることができる. すなわち位相反転型エンクロージャのダクトにおいてはその両端に振動板を設け，それをピストン運動させたときの音波の振る舞いと同等と考えられ，そのようすを第4-1-2図に示す.

　図からわかるように，このときあたかもダクトが延長されたかのごとき動作となり，その延長されたと見なされる長さが（4-1-2）式，（4-1-3）式における右辺第1項のL_{ir}，L_{or}である. この延長されたと見なされるダクト先端においては，スピーカユニットの場合と同様に仮想振動板の振動と一体になって振動する空気が存在し，それが仮想振動板に対して付加質量として作用する. その空気付加質量を長さに換算したものが（4-1-2）式，（4-1-3）式における右辺第2項のL_{im}，L_{om}であり，その分ダクトがさらに延長されたと見なされるわけである. そしてL_{im}はL_{ir}に，L_{om}はL_{or}にそれぞれ等しくなり，これらの関係を図示すると第4-1-3図（a）のようになる.

　以上述べた見なし長さは，仮想振動板の振動

が往復運動であることから**第4-1-3図 (b)** に示すようにダクトの外側だけではなく，内側部分においてもまったく同様の状況が考えられる．そのためダクトの機械的長さが短くなるとダクト内部において音波の干渉による打ち消しが起こり，そしてこの打ち消しはダクト両端にも反映し，その結果，見なし長さが変化してしまうのである．

　見なし長さはダクトの機械的長さのほか，さまざまな要素によって変化し，しかもダクト開口面積までも変化したと見なさなければならない場合もあるため，すべての場合について普遍性のある見なし長さの求め方を明示することは不可能である．しかし大局的見地に立って，無数にある条件の中から真円直管を標準にして，実用的な条件のみに的を絞って考えれば，ダクトの見なし長さおよび機械的長さの求め方を明示することが可能となるので，次項以降，順次説明して行く．

4-2 ダクト断面形状を考える

　無数にあるダクトの条件の中から，まず断面形状について考えてみる．ただしその場合，形状はダクトの内側端から外側端まで一定であるものとし，したがって断面形状は開口形状に等しいという前提であることに注意されたい．

　さて，位相反転型エンクロージャにおけるダクト断面形状は，真円以外に楕円，正方形，長方形，三角形などどのような形でもよいのだが，空気の粘性による抵抗の度合いが形状によって異なるため，面積と長さが同一であっても形状が異なると，結果も異なったものになってしまう．

　このことに関連した資料として，ダクトに圧力をかけて空気を強制的に流し，出入り口における圧力損失を局部損失として，また内部における圧力損失を摩擦損失としてそれぞれ示されたものがある（巻頭「参考文献」(40)～(42)）．

　一般的には単なる空気の流れと振動とは同列に論ずることはできないのだが，しかしこれまでに述べてきた通り，位相反転型エンクロージャのダクトにおける仮想振動板の振動というのは，実際にはダクト内空気の振動であり，言い換えればエンクロージャ内部の圧力変動に伴ってダクト内空気が激しく出入りするという動作をするわけで，ダクトの内面が滑らかで，形状が内側端から外側端まで一定な直管であり，なおかつその機械的長さが共鳴周波数の波長より充分短いという条件が満たされていれば上記資

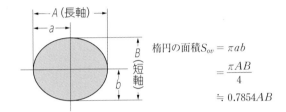

第 4-2-1 図　ダクトの楕円断面形状

料が応用できるのである．それによると，形状以外の条件を一定とした場合，局部損失，摩擦損失ともに小さい順番は次の通りとなる．

① 真円
② 楕円
③ 正方形
④ 長方形

　ただし，楕円については筆者の推定に基づいており，それは第4-2-1図に示すように，2つの焦点を持ち，それぞれの焦点からの距離の和が一定となる点の集合が描く形状のことであり，なおかつ下記の条件を満たすものである．

$$\frac{長軸}{短軸} \leqq 1.5 \quad\cdots\cdots\cdots\cdots\cdots\cdots\quad (4\text{-}2\text{-}1)$$

　すなわち，真円直管が局部損失，摩擦損失ともに最も小さく，それは風圧の低下が最も少な

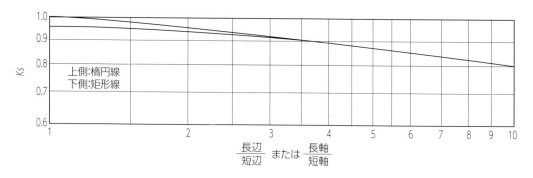

第 4-2-2 図　ダクトの面積減少率 K_s

いということである．具体的にいえば，内面が
滑らかな真円直管ではダクト両端における空気
流の乱れやよどみが少なく，ダクト内壁での摩
擦損失による流速の低下も少ないため，流速は
断面のどの部分でもほぼ一定と見なすことがで
きるのだが，正方形のダクトでは両端における
空気流の乱れやよどみが増えるとともに，内壁
面が滑らかであっても角に近い部分では摩擦損
失によって流速が低下し，流量を一定とすれば
中心部分の流速は相対的に速くなる．

　長方形のダクトではその短辺と長辺の比が大
きいほど両端における空気流の乱れやよどみが
多くなるとともに，内壁の角に近い部分の流速
がより低下するということである．

　これを位相反転型エンクロージャのダクトに
当てはめて考えると，まず，ダクト内部におけ
る摩擦損失はダクトから放射される音波の音圧
低下をもたらし，そしてその低下の度合いは，開
口面積と機械的長さおよび内面の滑らかさを一
定とすれば，ダクト断面形状によって変化する
ということになる．

　さらにこれを見方を変えて考えると，断面形
状と機械的長さおよび内面の滑らかさを一定と
すれば，ダクトからの音圧は開口面積にほぼ比
例すると考えられることから，他の条件が一定

で，断面形状が真円と真円以外の場合を比較す
ると，真円以外の場合には，その面積が実質的
に減少すると考えねばならないことになる．

　真円以外に実用的な形状といえば矩形であり，
そこでその場合の面積減少率を K_s と名付け，真
円の場合を1として表したものが**第4-2-2図**であ
る．この図は巻末に掲げた参考文献（40）～
（42）の設計資料の中にある「矩形ダクトから真
円ダクトへの換算表」から読み取った数値と筆
者の実験結果とを勘案してグラフ化したもので
ある．図中の楕円線については真円と矩形の中
間値になるはずとの推定によって描いたもので
あり，参考程度に止めてほしい．

　次に，局部損失というのはダクト両端におけ
る音波の放射抵抗に相当すると考えられ，真円
以外ではそれが大きくなり，ダクトからの音圧
が低下することになる．そして音圧が低下する
ということは，前項において示した L_i，L_o とい
う見なし長さが短くなることと等価であると考
えられることから，真円以外の場合における見
なし長さの短縮率を G_s と名付け，真円の場合を
1として表したものが**第4-2-3図**である．

　この図は上述した参考文献の中に局部損失係
数表というのがあり，それを参考にしたほか，過
去に発表された矩形ダクトによる位相反転型エ

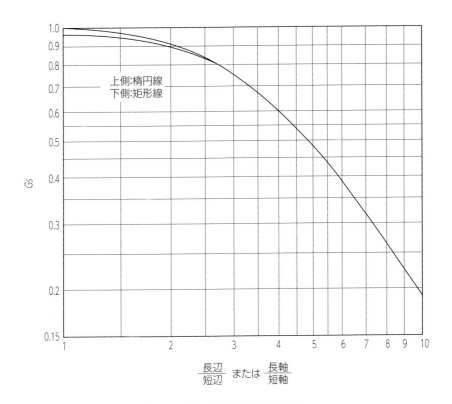

上側:楕円線
下側:矩形線

$$\frac{長辺}{短辺} \quad または \quad \frac{長軸}{短軸}$$

第 4-2-3 図　見なし長さ短縮率 G_s

ンクロージャの設計例や，筆者の実験結果など
を参考にしてグラフ化したものである．ただし，
楕円線は面積減少率の場合と同様に推定であり，
またこれらの図の具体的な使い方については後
述する．

　以上述べたことから，位相反転型エンクロー
ジャにおいては他の条件を一定とすれば，ダク
トを真円直管とした場合に共鳴が最も強く起こ

るということがわかる．しかもその場合におけ
る見なし長さが先達の研究によって既知となっ
ているためか，真円直管ダクトを採用する場合
が多い．しかし円形であれ矩形であれ，直管ダ
クトの場合は対向する面からの反射による打ち
消しが避けられず，それを防ぐ工夫が必要であ
り，詳しくはこの後の第10項にて説明する．

4-3 ダクト開口面積の基準値を求める

ダクトの開口面積 S_d は共鳴の強さおよびチューニング周波数 f_t と密接な関連性があり，まず共鳴の強さは，一定の範囲内において原則としてダクト開口面積に比例するといえる．そしてさらにダクト開口面積は，原則としてチューニング周波数に比例したものでなければならないということである．

さて S_d を求めるためには，まず共鳴時にダクトにおいて直接関与する空気の等価質量 m_d を明確にする必要があり，そこで位相反転型エンクロージャの動作原理を復習する．

位相反転型スピーカシステムとして典型的な動作をするような設計の場合，チューニング周波数，すなわち共鳴周波数において，その共鳴現象によってエンクロージャ内部に生じている空気の圧力変動の位相は，スピーカユニットの振動板が振動することによって生ずる圧力変動の位相と同相であるため，スピーカユニットに信号が入力されていても，振動板は押さえ込まれて振動できなくなるわけである．

このとき仮に共鳴現象がないものとすれば，スピーカユニットの振動板は入力に応じて振動し，そして (1-2-1) 式の中に示した $2m_a$ という空気付加質量がスピーカユニットに関与することになるはずである．しかし上述した理由によってこの $2m_a$ という質量の空気はスピーカユニットには関与しえず，それはエンクロージャ内部の空気バネを通じてダクト内空気の振動に

関与することになり，これが前述した振動エネルギーの転化といえるものである．その空気付加質量は (1-2-1) 式と (1-2-2) 式から，次式のように表すことができる．

$$2m_a = \frac{16\rho_0 a^3}{3} = \quad [\text{kg}] \quad \cdots\cdots\cdots (4\text{-}3\text{-}1)$$

一方，m_d は (3-2-19) 式によっても表せることから，次式が導かれる．

$$\frac{16\rho_0 a^3}{3} = m_0 \left(\frac{S_d}{S_u} \right)^2 \quad \cdots\cdots\cdots\cdots (4\text{-}3\text{-}2)$$

上式において変数は S_d のみであり，そこでこの式を S_d について変形すると，

$$S_d = \sqrt{\frac{16\rho_0 a^3 (S_u)^2}{3m_0}}$$
$$= \sqrt{\frac{63.402 a^7}{m_0}} \quad [\text{m}^2] \quad \cdots\cdots\cdots (4\text{-}3\text{-}3)$$

上式が成立するとき共鳴の強さは最大になると考えられ，その意味でこの S_d は最適値 S_{ds} ということができる．ゆえに次式のように表すことができる．

$$S_{ds} = \sqrt{\frac{63.402 a^7}{m_a}} \quad [\text{m}^2] \quad \cdots\cdots\cdots (4\text{-}3\text{-}4)$$

これがダクト開口面積の最適値 S_{ds} を求める

計算式となるわけだが，この計算式から位相反転型スピーカシステムにおけるダクト開口面積は，エンクロージャ内容積やチューニング周波数とは無関係に決まるものであると判断するのは間違いである．その理由は(4-3-2)式の右辺にある．この出所である (3-2-19)式には，実は前提条件があり，それはチューニング周波数が最適値f_{ts}でなければならないということである．すなわち，(4-3-4)式はチューニング周波数が最適値以外では成立しないのである．

そこでダクト開口面積の最適値を求める別の方法を考えてみる．まず(3-1-1)式に既知定数を代入し，それをL_eについて変形すると，

$$L_e = \frac{2990.3 S_d}{V(f_r)^2} \quad \text{〔m〕} \cdots\cdots\cdots\cdots (4\text{-}3\text{-}5)$$

となって，これはダクトの等価長さを表すものであり，したがってダクトの等価空気質量m_dは上式にS_dとρ_0を乗ずることによって求められることになり，次式が導かれる．

$$m_d = \frac{2990.3 (S_d)^2 \rho_0}{V(f_r)^2} \quad \text{〔kg〕} \cdots\cdots (4\text{-}3\text{-}6)$$

一方，ダクトに関与することになる空気付加質量は，(4-3-1)式に示した通り$2m_a$であり，この$2m_a$と上式によるm_dとが等しくなったとき共鳴の強さが最大になると考えられ，次式が導かれる．

$$\frac{16 \rho_0 a^3}{3} = \frac{2990.3 (S_d)^2 \rho_0}{V(f_r)^2} \cdots\cdots\cdots (4\text{-}3\text{-}7)$$

上式におけるS_dは共鳴の強さが最大になるという意味で最適値S_{ds}ということができ，しかもこのときのf_rはチューニング周波数f_tに等しいはずであるから，

$$\frac{16 \rho_0 a^3}{3} = \frac{2990.3 (S_{ds})^2 \rho_0}{V(f_t)^2} \cdots\cdots\cdots (4\text{-}3\text{-}8)$$

と表すことができる．これをS_{ds}について変形すると，

$$S_{ds} = \sqrt{\frac{16 V a^3 (f_t)^2}{8970.9}}$$
$$= \frac{f_t \sqrt{V a^3}}{23.679} \quad \text{〔m}^2\text{〕} \cdots\cdots (4\text{-}3\text{-}9)$$

となって，ダクト開口面積の最適値S_{ds}はエンクロージャ実効内容積と，それによって決まるチューニング周波数を基準に求めることができ，実際の場合において上式のf_tを最適値f_{ts}として求められる値は，(4-3-4)式による計算値と一致する．ゆえにこの計算式におけるf_tはf_{ts}とするのが正しい．

$$S_{ds} = \frac{f_{ts} \sqrt{V a^3}}{23.679} \quad \text{〔m}^2\text{〕} \cdots\cdots (4\text{-}3\text{-}10)$$

また上式におけるVの値はチューニング周波数f_tを求めたときと同じ値であるV_{ra}を用いる必要があるということに注意しなければならない．それは，通常エンクロージャには吸音材を張るわけで，チューニング周波数は (2-3-12)式から求められるV_{ra}に基づいたα_rを用いて計算されるからである．ゆえに正確には次式の通りとなる．

$$S_{ds} = \frac{f_{ts} \sqrt{V_{ra} a^3}}{23.679} \quad \text{〔m}^2\text{〕} \cdots\cdots (4\text{-}3\text{-}11)$$

これがダクト開口面積の最適値S_{ds}を求める基本式である．

さて上式のf_{ts}のところにf_{th}，f_{tl}を代入して得られる値をそれぞれS_{dh}，S_{dl}とすると，次

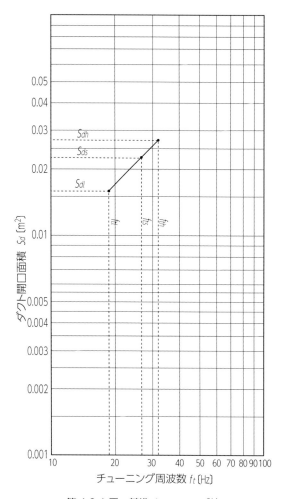

第 4-3-1 図　基準チューニング線

述するとして，このS_{dh}，S_{dl}は，S_{ds}に対してf_{th}，またはf_{tl}と，f_{ts}との比を乗ずることによっても求めることができ，次の通りである．

$$S_{dh} = \frac{f_{th} S_{ds}}{f_{ts}} \quad \text{〔m}^2\text{〕} \cdots\cdots\cdots\cdots (4\text{-}3\text{-}14)$$

$$S_{dl} = \frac{f_{tl} S_{ds}}{f_{ts}} \quad \text{〔m}^2\text{〕} \cdots\cdots\cdots\cdots (4\text{-}3\text{-}15)$$

以上によって求められるS_{dh}，S_{ds}，S_{dl}は重要な意味を持っている．それはチューニング周波数とダクト開口面積とは正の相関関係という密接な関連性があり，切り離して考えることができないということであり，そこでその関連性を明確にするため，両対数グラフを用いてグラフ化する．まずチューニング周波数を横軸に採り，ダクト開口面積を縦軸に採って下記3点を描く．

点A……$f_{tl} \cdot S_{dl}$
点B……$f_{ts} \cdot S_{ds}$
点C……$f_{th} \cdot S_{dh}$

に示すように，それがダクト開口面積の適合範囲になるであろうと思いつく．

$$S_{dh} = \frac{f_{th} \sqrt{V_{ra} a^3}}{23.679} \quad \text{〔m}^2\text{〕} \cdots\cdots (4\text{-}3\text{-}12)$$

$$S_{ds} = \frac{f_{tl} \sqrt{V_{ra} a^3}}{23.679} \quad \text{〔m}^2\text{〕} \cdots\cdots (4\text{-}3\text{-}13)$$

しかしこれらの計算式で求められる値はダクト開口面積の適合範囲ではなく，それぞれのチューニング周波数におけるダクト開口面積の暫定的な最大値を表すものとなる．その理由は後

すると，これら3点は直線で結ぶことができ，その一例を**第4-3-1図**に示す．そして図示された直線上であればどこであってもダクトの等価空気質量m_dが一定になり，このことはf_tとS_dによって決まる点，すなわちチューニング点をその直線上のどこに採っても低域再生限界周波数は変化するものの，出力音圧周波数特性は最適平坦が維持されることを意味する．そこでこの直線を**基準チューニング線**と呼ぶことにする．

さて前述した通り(4-3-11)～(4-3-15)式によって求められるダクト開口面積は，対応するチューニング周波数における暫定的な最大値となる．

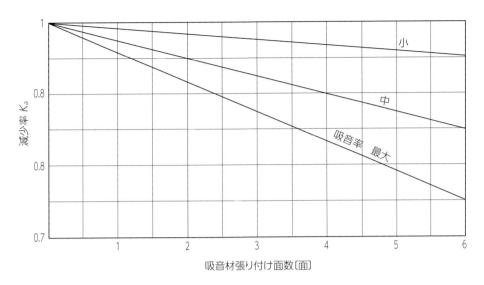

第 4-3-2 図　ダクト開口面積減少率の目安

なぜかというと基準チューニング線は，実質的にダクトの等価空気質量 m_d を表すものであり，それは (4-3-7) 式からわかるようにスピーカユニットの振動板に対する空気付加質量を $2m_a$ とし，そのすべてがダクト内空気の振動に転化されるものとして計算したからである．

その空気付加質量 $2m_a$ の値は，厳密にいえば吸音材やスピーカユニットの振動系機械質量 m_s の値，また力係数 (force factor) 等に影響を受けるため，設計ごとにそれらを考慮しなければならない．具体的にどうするかというと，まず振動系機械質量と力係数については，この後の第11項において示すが，実際の場合におけるそれらの影響の度合いが，チューニング点，すなわちダクト開口面積とチューニング周波数の最適値と適合範囲を求め，それをグラフに描くことにより，結果として織り込まれることになる．

吸音材については空気付加質量を変化させるだけではなく，共鳴の強さを直接変化させるということも考慮しなければならない．すなわち前章 2-3 項で述べたように，吸音材は緩衝器 (shock absorber) としても機能するため，その量が多いほど共鳴は弱くなることからダクト開口面積が減少したと考えることができるわけで，どのくらい減少するかの目安を示したものが第 4-3-2 図である．また空気付加質量はこれらの他，ダクトの形状や長さにも依存性があるため，具体的にどうするのかその説明は，第 4-3-2 図の使い方も含めて，この後の第10項，第11項で述べることにする．説明にまとまりがなく，わかりにくいとのお叱りを受けるかもしれないが，本書で述べられている事柄にはすべて関連性があるため説明の順序を考えねばならず，これはよりよいと考えた順序なので，ご理解願いたい．

4-4 理想条件およびインピーダンス特性についての考察

前項において示した（4-3-11）式と（4-3-12）式および（4-3-13）式を用いて求められるS_{dh}, S_{ds}, S_{dl}は理論値であるが，実際の場合におけるダクト開口面積の最適値と適合範囲を求める基礎となるものである．そのS_{dh}, S_{ds}, S_{dl}を（3-2-19）式に代入して得られる値は，ダクトの等価空気質量m_dの理論値として，それぞれ最大値$m_{d\,\mathrm{max}}$と最適値m_{ds}および最小値$m_{d\,\mathrm{min}}$となるはずであり，次の通りとなる．

$$m_{d\,\mathrm{max}} = m_0\left(\frac{S_{dh}}{S_u}\right)^2 \quad [\mathrm{kg}] \cdots\cdots (4\text{-}4\text{-}1)$$

$$m_{ds} = m_0\left(\frac{S_{ds}}{S_u}\right)^2 \quad [\mathrm{kg}] \cdots\cdots (4\text{-}4\text{-}2)$$

$$m_{d\,\mathrm{min}} = m_0\left(\frac{S_{dl}}{S_u}\right)^2 \quad [\mathrm{kg}] \cdots\cdots (4\text{-}4\text{-}3)$$

そして（3-2-20）式にS_{ds}, m_{ds}を代入すると，

$$m_0 = m_{ds}\left(\frac{S_u}{S_{ds}}\right)^2 \quad [\mathrm{kg}] \cdots\cdots (4\text{-}4\text{-}4)$$

となって，上式に具体的な数値を代入して得られるm_0の計算値は，当該スピーカユニットのm_0の値と一致することから，（3-2-19）式が成立する条件は，（3-2-21）式および（3-2-22）式に示した以外に無数に存在することがわかる．

一方，ダクトの等価空気質量m_dは（4-1-6）式によっても表され，このときのf_rはf_tに等しい

はずであり，次式が導かれる．

$$m_d = \frac{2990.3(S_d)^2 \rho_0}{V_{ra}\,(f_t)^2} \quad [\mathrm{kg}] \cdots\cdots (4\text{-}4\text{-}5)$$

上式のf_tとS_dを，それぞれf_{ts}, S_{ds}として得られる値はm_dの最適値m_{ds}ということになり，ゆえにそれは次式のように表される．

$$m_{ds} = \frac{2990.3(S_{ds})^2 \rho_0}{V_{ra}\,(f_{ts})^2} \quad [\mathrm{kg}] \cdots\cdots (4\text{-}4\text{-}6)$$

そして上式に具体的な数値を代入して得られる計算結果は，（4-4-2）式によって求められるm_{ds}の値と一致する．

以上のことをふまえたうえで，機械質量を持たない理想の振動板を想定し，m_0を表す（1-2-1）式の右辺における機械質量m_sを0と仮定するとm_0は$2m_a$のみとなり，（4-3-1）式と（4-3-2）式から，ダクト開口面積S_dはスピーカユニットの実効振動面積S_uに等しくなければならないということになる．

その結果，従来から位相反転型エンクロージャの設計における理想条件として示されている（3-2-21）式，（3-2-22）式が導出されるのだが，実際には機械質量を持たない理想的な振動板というのは存在し得ず，また，ダクトについてもその形状は無数に考えられるにもかかわらず，実際に採用できる実用的なものは限定されてしま

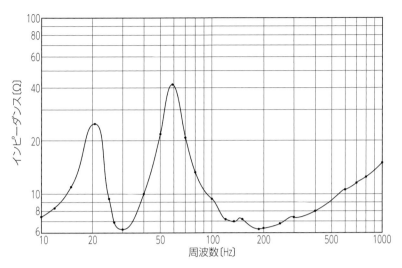

第 4-4-1 図　インピーダンス特性の一例

うという現実がある.

　そこで実際にはどうすればよいかを示す必要が生ずるのだが，今日まで理論に裏付けられた普遍性のある具体的な位相反転型エンクロージャの設計法は示されていないため，上述した理想条件を参考にしながら経験則に基づいて設計し，聴感によって調整するという方法が用いられている. しかし視点を変えると，位相反転型エンクロージャのダクトにおいては，その中の空気が振動板として動作するのだが，その空気は，実際に振動板として利用できるもののなかで最も理想に近いものであるといえる. このことから，位相反転型エンクロージャにおけるダクトは真円のもの1本とするのが基本構造であり，最良であり，それ以上よい方法はないということがわかると同時に，位相反転型エンクロージャは低音再生用エンクロージャとして唯一実用になるものとして高い普遍性を持っているということもわかる.

　次に，位相反転型エンクロージャを用いて実際にスピーカシステムを完成させたときのイン

ピーダンス特性の一例を第4-4-1図に示す.

　この図に示すように，位相反転型スピーカシステムでは，山の部分，すなわちインピーダンスが大きくなる部分が2つ現れる. このうち周波数が高いほうの山頂における周波数は，システムとしての最低共振周波数 f_{0c} に相当し，同じ条件で密閉型とした場合の f_{0c} よりも高くなる. それは前章3-1項の動作原理のところで述べたように，共鳴現象によって振動板の振動が押さえ込まれ，このことはエンクロージャのスティフネスが大きくなったことと同等といえる状況になるからである.

　また周波数が低いほうの山は，共鳴現象によって振動板の振動が助長されるために現れるもので，山頂の周波数は当然チューニング周波数よりも低くなり，2つの山の中間の谷底に当たる周波数がチューニング周波数，すなわち共鳴周波数である. この谷底に当たる周波数を従来「反共振周波数 f_i」と呼んでいるのだが，この周波数に対してこのような誤解を招く恐れがある呼び名を別に設ける必要性はなく，強いていうな

ら「位相反転周波数 f_i と呼ぶこともできる」と
するべきであろう.

さて従来,位相反転型スピーカシステムの設
計の良否をインピーダンス特性によって判断し
ていたようだが,実際にはそれは困難であり,ま
た非合理的でもある.

なぜならインピーダンス特性は,特定のスピ
ーカユニットにおいてもその適正な設計の範囲
内でさえ大きく変化し,また吸音材の種類と量
および張り方によっても変化するため,判断の
基準を普遍化することが難しいからである.

現に普遍性のある判断基準は今日まで明示さ
れたことはないのだが,しかしインピーダンス
特性は別の意味で大変重要なものである.すな
わち,それによって仕上がりのチューニング周
波数が確認できるとともに,エンクロージャの
有害な共振や空気漏れが判定できる場合がある
ことと,中・高音用スピーカユニットを付加し
て,LCネットワークによるマルチウェイシステ
ムとして設計する場合にも必要になるからであ
る.したがって疎かにはできず,測定しておく

必要がある.

測定法は第1章で述べた通りであるが,違い
はスピーカユニット単体としてではなく,エン
クロージャに取り付けた上でのシステムとして
測定するということである.**第4-4-1図**に示した
インピーダンス特性はエンクロージャの共振が
比較的強く起きている例である.すなわち
145Hz付近の乱れがそれであり,その2倍の周波
数においても影響が及んでいることがわかる.

この共振が音質を悪化させることは経験的事
実としてわかっているのだが,耳で感じたこと
を活字で人に伝えることは困難であり,また共
振を完全になくすことも困難である.しかし影
響の大小についてならば,インピーダンス特性
と出力音圧周波数特性を併せて吟味検討するこ
とによって,当事者以外の者にも推測すること
は可能であり,さらに経験に裏付けられた想像
力が動員できるならば,この共振をできるだけ
押さえ込んだほうがよいということも理解でき
るはずである.

前項で述べたように，内面が滑らかな真円直管において，第4-1-2図に示した見なし長さのうち，L_{ir}とL_{or}の具体的な値が従来から示されていて，それは次の通りである．

$$L_{ir} = 0.6r \ \text{〔m〕} \quad\cdots\cdots\cdots\cdots\cdots (4\text{-}5\text{-}1)$$
$$L_{or} = 0.82r \ \text{〔m〕}\cdots\cdots\cdots\cdots\cdots (4\text{-}5\text{-}2)$$

上式の右辺におけるrというのは，(3-2-2)式で表される等価半径のことである．

ところでダクトというのは，その断面がどうあれ，筒状で有限長のものをいう．したがってダクトそのものが固有の共鳴周波数を持つことになり，古くから笛やパイプオルガンなど，楽器に応用されていることであるが，その共鳴周波数をf_{rd}とすると，それを求める計算式は，次式の通りである．

$$f_{rd} = \frac{c}{2L_e} \ \text{〔Hz〕} \ \cdots\cdots\cdots\cdots\cdots (4\text{-}5\text{-}3)$$

上式で計算される固有の共鳴周波数のとき，上記L_{ir}とL_{or}の値は若干大きくなることも従来から示されていて，それぞれ次の通りである．

$$L_{ir} = 0.615r \ \text{〔m〕}\cdots\cdots\cdots\cdots\cdots (4\text{-}5\text{-}4)$$
$$L_{or} = \frac{8r}{3\pi} \fallingdotseq 0.8488r \ \text{〔m〕} \ \cdots\cdots (4\text{-}5\text{-}5)$$

すなわち，見なし長さL_{ir}とL_{or}は周波数に依存性があるということがいえるのだが，位相反転型エンクロージャにおいては，その目的とダクトの一般的な寸法から，(4-5-3)式によって求められる固有の共鳴周波数f_{rd}よりもチューニング周波数f_tのほうがはるかに低い周波数になるにもかかわらず，L_{ir}とL_{or}の値は上式に示した値が採用される．それは，位相反転型エンクロージャが持つ共鳴周波数で共鳴を起こさせたときのダクト両端における音波のエネルギー密度が，ダクトそのものが持つ固有の共鳴周波数で共鳴させたときのそれと同等になるとされているからである．

そして前述したように位相反転型エンクロージャのダクトにおいては，その見なし長さL_{im}はL_{ir}に，L_{om}はL_{or}にそれぞれ等しく，ゆえにダクトの等価長さL_eは，これらの見なし長さと機械的長さとの和によって表されることになり，次式の通りとなる．

$$L_e = L + 0.615r \times 2 + 0.8488r \times 2$$
$$= L + 2.9276r \ \text{〔m〕}\cdots\cdots\cdots\cdots (4\text{-}5\text{-}6)$$

そして(3-1-1)式に上式と既知定数を代入すると，共鳴周波数f_rを求める計算式は，次式の通りとなる．

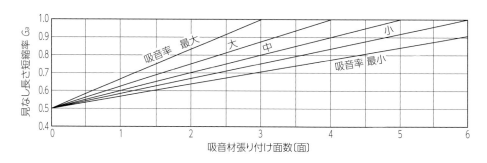

第 4-5-1 図　吸音材張り付け面数とダクトの見なし長さ短縮率

$$f_r = \frac{343.59}{2\pi} \sqrt{\frac{S_d}{V(L+2.9276r)}}$$

$$\fallingdotseq \sqrt{\frac{2990.3S_d}{V(L+2.9276r)}} \quad \text{〔Hz〕} \cdots (4\text{-}5\text{-}7)$$

この f_r はチューニング周波数 f_t に等しいので，上式における f_r を f_t としたうえ，L について変形すると，次式が導かれる．

$$L = \frac{2990.3S_d}{(f_t)^2 V} - 2.9276r \quad \text{〔m〕} \cdots\cdots (4\text{-}5\text{-}8)$$

この計算式は，ダクトの機械的長さ L を求める基本計算式であり，右辺第 1 項は（4-3-5）式に示した通りダクトの等価長さ L_e である．ゆえに，（4-5-6）式からも明らかであるが，次式のように表すこともできる．

$$L = L_e - 2.9276r \quad \text{〔m〕} \cdots\cdots\cdots (4\text{-}5\text{-}9)$$

さて，（4-5-8）式に示したダクトの機械的長さ L を求める基本計算式は，どのような場合にも適用できるものではなく，この計算式が成立するためには 3 つの条件がある．

その第一は当該エンクロージャ内部には適切な種類の，そして必要にして充分な量の吸音材が適切に張られていなくてはならないということ

とである．吸音材がスピーカユニットに対する空気付加質量を変化させるということについてはすでに述べたが，スピーカユニットの場合と同様に位相反転型エンクロージャにおいては吸音材はダクトに対する空気付加質量をも変化させ，結果として見なし長さが変化することになる．すなわちそれは，位相反転型エンクロージャにおけるダクトの見なし長さは吸音材に依存性があるということを意味する．

それではその依存性は実際にどのようなものであるのかというと，スピーカユニットの場合と基本的に同じであり，吸音材がまったくない場合の見なし長さは，適切な種類の，そして必要にして充分な量の吸音材が適切に張ってある場合の約半分になる．言い方を換えれば，その場合は前述した L_{ir}，L_{or} は，ともに半分の値になるということである．

そうすると，スピーカユニットの場合において示した**第 1-2-2 図**と同様に，ダクトについても吸音材張り付け面数と吸音率を媒介変数とした見なし長さの変化率をグラフにして表せることがわかり，それが**第 4-5-1 図**である．すなわち見なし長さ短縮率を G_a として，この図から吸音材張り付け面数と吸音率に応じて縦軸の G_a の値を読み取り，ダクトの機械的長さ L を求める計算式の中の見なし長さを決定付ける項に乗ずる

ことによって，より正確な L の値を求めること
ができる．ゆえに吸音材がまったくない場合，見
なし長さ短縮率 G_s は0.5であるから基本計算式
である（4-5-8）式は次のようになる．

$$L = \frac{2990.3 S_d}{(f_t)^2 V} - 2.9276r \times 0.5$$

$$= \frac{2990.3 S_d}{(f_t)^2 V} - 1.4638r \ \text{〔m〕} \cdots \text{（4-5-10）}$$

また **4-3項**，**第4-3-2図**に示したように，吸音
材による依存性はダクト開口面積についても考
慮しなければならない．すなわち**第4-3-2図**にお
ける減少率 K_a はダクト開口面積に対する係数
であり，**第4-8-1図**における短縮率 G_a は見なし
長さに対する係数となるのだが，この2つの図
に描いた線はあくまでも目安である．したがっ
て読み取りには経験と勘が要求されるというこ
とをご了承いただきたい．

　第二の条件は α_r の値が0.5以上でなければな
らないということである．ダクト内空気の振動
はスピーカユニットの動作に全面的に依存して
いるにもかかわらず，共鳴が起こっている状態
ではダクト内空気の振動の位相は180°遅れてい
るため，その振動があたかもスピーカユニット
とは無関係に起こっているかのような動作とな
る．

　そのような動作状況において α_r が0.5未満に
なるとエンクロージャ内部空気の一部はバネと
して作用しなくなることから，そのダクトに対
する作用は急激に弱くなって行く．言い換えれ
ば共鳴が指数関数的に弱くなって行き，その結
果，ダクトの見なし長さも同様に短くなってし
まうということである．このことは，見なし長
さはエンクロージャ実効内容積に依存性がある
ということを意味するのだが，これまでにも述

べてきた通り，α_r の値が0.5未満となるような
設計は不適切である．しかし不適切な設計だか
らといって途端に音質が破綻してしまうわけで
はないことを再確認されたい．

　第三の条件は次式に示す通り，L_e の値が見な
し長さの2倍以上でなければならないというこ
とである．

$$\alpha_r \geqq 0.5 \text{の場合：} L_e \geqq 5.8552r$$
$$\cdots\cdots\cdots\cdots\cdots\cdots \text{（4-5-11）}$$

　これはなぜかというと，ダクトの機械的長さ
が見なし長さである 2.9276r 未満になると，ダク
ト内部において音波の干渉が起こって見なし長
さが短くなってしまうからである．そのような
場合には，チューニング周波数が高い方向にず
れてしまうことになり，このことは，見なし長
さはダクトの機械的長さに依存性があるという
ことを意味する．

　それでは L_e の値が 5.8552r 未満になった場合
は具体的にどうなるかというと，**第4-5-2図**に示
したように，短くなった見なし長さはダクトの
機械的長さ L と同じになると考えられる．この
ことから L は等価長さ L_e を半分にすればよい
ことがわかり，ゆえにその場合の L を求める計
算式は次式の通りとなる．

$$L = 0.5 L_e \cdots\cdots\cdots\cdots\cdots\cdots \text{（4-5-12）}$$

　ただし，この計算式が成立するのにも条件が
あり，それは L_e の値が見なし長さである
2.9276r の1.5倍以上2倍未満でなければならない
というものである．すなわち次式が条件となる．

$\alpha_r \geqq 0.5$ の場合：$4.3914r \leqq L_e < 5.8552r$

$$\cdots\cdots\cdots\cdots\cdots\cdots\cdots (4\text{-}5\text{-}13)$$

上式はL_eの値が$5.8552r$から，見なし長さの半分である$1.4638r$に相当する分まで短くなる範囲を表しているのだが，この範囲では見なし長さと機械的長さが等しくなるということである．このことはL_eの値が$4.3914r$未満になると見なし長さと機械的長さが違ったものになってくるということを意味し，その場合はどうなるかというと，次の通りである．

まず厚みのないバッフル板を想定し，そこにあけられた真円の等価長さは$2r$になることが従来から示されている．

$$L_e = L_i + L_o = 2r \quad \text{〔m〕} \cdots\cdots\cdots (4\text{-}5\text{-}14)$$

すなわち，ダクトの機械的長さを0と仮定すると等価長さは見なし長さのみとなり，その値は$2r$になるということである．しかし実際の場合においては，バッフル板の厚みt_bが存在するわけで，その場合の見なし長さは次式によって表されることも従来から示されている．

$$L_i = L_o = \frac{S_d}{t_b + \dfrac{\pi r}{2}}$$

$$= \frac{S_d}{t_b + 1.5708r} \quad \text{〔m〕} \cdots\cdots\cdots (4\text{-}5\text{-}15)$$

ゆえにその場合の等価長さL_eは，次式によって表される．

$$L_e = t_b + \frac{2S_d}{t_b + 1.5708r} \quad \text{〔m〕} \cdots\cdots (4\text{-}5\text{-}16)$$

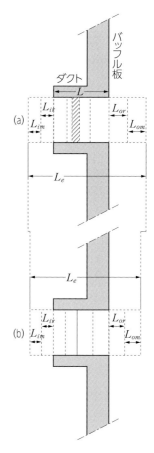

(a)図の斜線の部分が干渉によって打ち消されるため，実際の動作は（b）図のように等価長さL_eが短くなる．

第4-5-2図　ダクトの見なし長さの変化

ただし，上式が成立するためには，バッフル板の厚みt_bは$1.5708r$未満でなければならないという条件が付く．そこでt_bを$1.5708r$と想定すればL_eは次式の通りとなる．

$$L_e = 1.5708r + \frac{2\pi r^2}{1.5708r + 1.5708r}$$

$$\fallingdotseq 3.5708r \quad \text{〔m〕} \cdots\cdots\cdots\cdots (4\text{-}5\text{-}17)$$

これらのことから，L_eの値が$3.5708r$未満になった場合の機械的長さLを求める計算式として次式が導かれる．

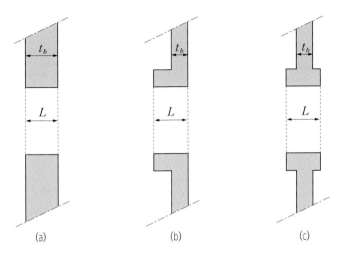

(a), (b), (c) ともにLは1.5708 r 未満であるものとする.

第4-5-3図　バッフル板厚さ1.5708r未満での状態例

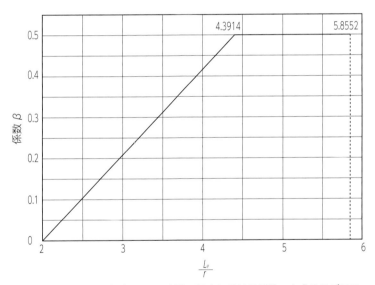

第4-5-4図　L_eの値が5.8552r未満の場合における係数 β を求めるグラフ

$$L = \frac{29903 S_d \times 10^3}{(f_t)^2 V_r} - \frac{2S_d}{t_b + 1.5708r}$$

$$= L_e - \frac{2S_d}{t_b + 1.5708r} \ \ [\text{m}] \cdots \ (4\text{-}5\text{-}18)$$

ただしこの場合において, **第4-5-3図**に示したようにバッフル板の厚さが1.5708r未満という条件を満たしていたとしても, その状態はこの

図に示した3種類以外にも無数に考えられるため, 見なし長さは千差万別となる.

その結果, 実際の場合においては上式を用いて計算した結果には比較的大きな誤差が生ずると思われる. しかもL_eの値が3.5708r以上4.3914r未満の場合におけるLの求め方が不明である. そこでこれまでに述べたことから, 等価

第 4-5-1 表　真円直管ダクトの機械的長さを求める計算式
前提条件　$\alpha_r \geqq 0.5$

ダクト等価長さ L_e	条件（L_e の値）	ダクト機械的長さ L
$L_e = \dfrac{2990.3 S_d}{(f_t)^2 V_r}$	$L_e \geqq 5.8552r$	$L = L_e K_a - 2.9276 r G_a$
	$L_e < 5.8552r$	$L = \beta L_e K_a G_a$

長さ L_e と等価半径 r との比を媒介変数として，その比が 4.3914 のときを 0.5 とし，2 になったときを 0 とするグラフを描き，L_e と r との比の値に応じて読み取った値を L_e に乗ずれば，L_e が 5.8552r 未満になった場合のすべてについて，その機械的長さをより正確に求めることができると考えられる.

この考えに基づいて描いたグラフが**第 4-5-4 図**であり，縦軸の値を係数 β と名付ければ，L_e の値が 5.8552r 未満になった場合の機械的長さ L を求める計算式は，

$$L = \beta L_e \quad \text{〔m〕} \cdots\cdots\cdots\cdots (4\text{-}5\text{-}19)$$

となる.

以上によってダクトを内面が滑らかな真円直管とした場合における機械的長さ L を求める計算式は，その条件に応じて (4-5-8) 式をはじめ，すべての場合における計算式が導出できたわけだが，それらを計算手順に従い，一覧にして示すと**第 4-5-1 表**の通りとなる.

ただし，この段階ではチューニング周波数 f_t とダクト開口面積 S_d およびその等価半径 r を確定することができないため，具体的な計算もできないのだが，本章の最後（**6-10 項**）まで進んだ後，**6-3 項**に戻って，この**第 4-5-1 表**に従って具体的な計算をすることになる.

その場合，まず左側の L_e を求める. そして当該設計における α_r の値に応じて条件 1 を選択し，次に最初に求めた L_e の値に応じて条件 2 を選択すると，L を求める計算式にたどり着く. ただしこれらの計算式は，厳密にいうと下記の条件も満たされていることが前提であることにも注意しなければならない.

$$t_d \ll 2r \cdots\cdots\cdots\cdots\cdots\cdots (4\text{-}5\text{-}20)$$
$$L_f > 2r \cdots\cdots\cdots\cdots\cdots\cdots (4\text{-}5\text{-}21)$$

t_d および L_f というのは**第 4-5-5 図**に示した通りであり，これらの条件が満たされていない場合は，それに応じた誤差が生ずる可能性がある.

さらに，**第 4-5-1 表**に示したダクト長を求める計算式に含まれる V の値は，ダクトから見た見かけ上の実効内容積でなければならず，ここに V_r や V_{ra} を代入すると誤差が生ずる.

すなわち，通常はエンクロージャ内部に吸音材を張る必要があり，その場合におけるスピーカユニットから見た見かけ上の実効内容積とダクトから見た見かけ上の実効内容積とは違うということである.

それではダクトから見た見かけ上の実効内容積はどのようにして求めるのかというと，それを V_{rad} とすると，V_{rad} はダクト開口面積 S_d と実効振動面積 S_u との比に比例すると考えられることと，これまでに述べたことから次式が導かれる.

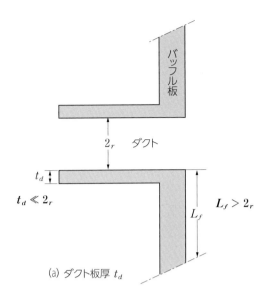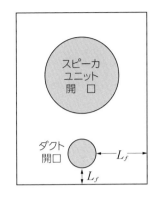

(a) ダクト板厚 t_d

(b) ダクト開口端とバッフル板の端との
距離 L_f

第 4-5-5 図 　t_d と L_f

$$V_{rad} = V_r + \frac{S_d\,(V_{ra} - V_r)}{S_u} - V_d \quad \text{[m}^3\text{]}$$
$$\cdots\cdots\cdots\cdots\cdots\cdots\cdots (4\text{-}5\text{-}22)$$

上式における V_d というのはダクト等価体積のことであり，この V_d を求める計算式は 3 種類ある L を求める計算式に応じて，それぞれ**第6-3-2表**の通りとなる.

上式における V_d というのはダクト等価体積のことである．そしてこの V_d を求める計算式は，**第4-5-1表**右列に示した 2 種類ある L を求める計算式に応じて，それぞれ次の通りである.

まず上段の計算式が当てはまる場合は，

$$V_d = S_d\,(L_e - 1.6976\,rG_a - t_b) \quad \text{[m}^3\text{]}$$
$$\cdots\cdots\cdots\cdots\cdots\cdots\cdots (4\text{-}5\text{-}23)$$

下段の計算式が当てはまる場合は，

$$V_d = S_d\,[\,L_e\,\{\beta + 0.421\,(1 - \beta G_a)\} - t_b\,] \quad \text{[m}^3\text{]}$$
$$\cdots\cdots\cdots\cdots\cdots\cdots\cdots (4\text{-}5\text{-}24)$$

となる．ただし，この V_d を求める計算式には，ダクトを形作っている部材の体積が含まれていない．したがって，部材の厚さがある場合や，長さが長い場合は，その部材の体積を加算する必要があるのだが，厚さが薄く，長さも比較的短い場合は無視して計算しても支障はないであろう.

以下においては，ダクト長に関する計算をするときの V の値は（4-5-22）式によって求めた V_{rad} を用いなければならないのだが，この段階ではダクト開口面積 S_d とダクト体積 V_d は未定である．しかも V_d を求める計算式に含まれる要素はバッフル板の厚さ t_b を除き，すべて V_d と相関関係にあるため厳密な計算はできないことになる．しかし，わかっている数値から，それら

の要素がどのように変化するかを事前に推測することは可能である.

推測を的確に行うには残念ながら経験と勘に頼らざるを得ないのだが, 実際には (4-5-22) 式によって求められる V_{rad} は, 結果的に V_r に近い値になることから, 暫定値として V_r を代入して仮計算しておく. その場合の計算誤差は測定誤差の範囲内になる場合が多く, したがって再計算が必要になることは少ないのだが, S_d と V_d が確定した段階で, その差が3％以上になる場合は再計算したほうが正確な値が得られる.

また V_d については前述したように, それを求める過程で用いる要素と相関関係にあるため, 得られた値から目安として3％前後を差し引いた値を用いると実測値との整合性がよくなる.

以上述べたことから, 位相反転型エンクロージャにおける共鳴の強さは, 適切な種類の, そして必要にして充分な量の吸音材が適切に張ってあるとの前提でいえば, ダクト等価長さ L_e が見なし長さの2倍のとき最大になり, それより長い場合は摩擦損失によって, 短い場合は打ち消しによって弱くなるということがわかる.

これまではチューニング点を最適点に採った場合, 出力音圧周波数特性は最大平坦, または最適平坦になると説明してきたが, それはチューニング周波数とダクト開口面積以外の条件を無視した場合にいえることであったわけである. すなわち実際の場合における共鳴の強さはダクト開口面積だけではなく, その形状や長さにも依存性があるということであり, そのことについての詳細はこの後, 順次説明して行く.

4-6 矩形ダクトの機械的長さを求める

前項において，ダクトを真円直管とした場合における機械的長さを求める計算式が導出できたわけだが，次に断面形状を矩形とした場合を考察する．

本題に入る前に楕円について触れておくと，楕円の場合も矩形に準じて応用が可能であると思われるが，**4-2項**において示した楕円に関する資料は，限定した条件の下における筆者の推定であり，しかも楕円といえる形状は無数に考えられ，特に利点も見いだせないことから，考慮の必要はないであろう．

さて矩形の場合も真円の場合と同様に，内面が滑らかな直管を前提とすると，機械的長さを求める計算式は，基本的には真円の場合と同じであるが，違うのは実質的なダクト開口面積と見なし長さである．

4-2項で述べたように，ダクト開口面積と機械的長さおよび内面の滑らかさを一定とすると，矩形の場合は摩擦損失の増加によって開口面積が実質的に減少したと考えねばならないことから，その減少率をK_sとして表したものが**第4-2-2図**である．

また局部損失はダクト両端における音波の放射抵抗による音圧の低下に相当し，それは（4-5-6）式に示した$2.9276r$という見なし長さが短くなることと等価であると考えられる．

具体的にいえば矩形ダクトの内部では，上述した摩擦損失によって内壁に近い部分の振幅速度が低下し，中心部分の振幅速度は相対的に速くなっている．そしてダクト両端における開口周辺は真円のように一様ではないため，その周辺部分における放射された直後の音波は乱れて干渉が発生していると考えられる．その結果，ダクト両端から放射される音波は，正方形のダクトにおいては球面波に近いものに，長方形のダクトにおいては楕円形をした球面波に近いものになり，そしてそれは**第4-1-3図** (a) に示したL_{ir}とL_{or}が短くなることを意味する．すなわち，見なし長さが短くなるということである．

その見なし長さ短縮率をG_sとして表したものが**第4-2-3図**である．また前項**第4-5-1図**に示した吸音材による見なし長さ短縮率G_aを考慮するのを忘れてはならない．ただし，前述した通り，この2つの図に描いた線はあくまでも目安である．

さて，この2つの係数は見なし長さ短縮率という同じ性質のものであることから，わかりやすくするため，このG_sとG_aを乗じたものをGとして表すことにする．

$$G = G_s \times G_a$$

次に**第4-2-2図**については，決定した矩形ダクトの長辺と短辺の比に応じて図からK_sの値を読み取り，さらに**第4-3-2図**からK_aの値を読み取る．この2つの係数も開口面積減少率という

表 4-6-1 表　矩形ダクトの機械的長さを求める計算式
前提条件　$\alpha_r \geqq 0.5$

ダクト等価長さ L_e	条件（L_e の値）	ダクト機械的長さ L
$L_e = \dfrac{2990.3 Sd}{(f_t)^2 \, Vr}$	$L_e \geqq 5.8552 rG$	$L = L_e K - 2.9276 rG$
	$L_e < 5.8552 rG$	$L = L_e K (1 - \beta G)$

性質が同じものであるので，2つを乗じて K とする．その K を決定した開口面積 S_d に乗ずればよい．

$$K = K_s \times K_a$$

以上述べたことから，矩形ダクトの場合における機械的長さ L を求める計算式は次の通りとなる．

$$L = \frac{2990.3 S_d K}{(f_t)^2 \, V_r} - 2.9276 rG \ \cdots\cdots (4\text{-}6\text{-}1)$$

この計算式の成立条件は前項の場合と同様に α_r が 0.5 以上であることと，右辺第 1 項で表される L_e の値が次式を満たしていることである．

$$L_e \geqq 5.8552 rG \cdots\cdots\cdots\cdots\cdots\cdots (4\text{-}6\text{-}2)$$

上式に示した条件が満たされない場合はどうなるかというと，G という要素が入ってくるため，真円の場合とは異なってくる．すなわち，等価長さと見なし長さの比率が一定にはならず，その結果，L を求める計算式は次式の通りとなる．

$$L = L_e K (1 - \beta G) \ \ 〔\mathrm{m}〕 \cdots\cdots (4\text{-}6\text{-}3)$$

以上，ダクトを矩形にした場合の機械的長さ

を求める計算式とその手順を一覧にして示すと**第 4-6-1 表**の通りとなる．

具体的には前項の場合と同様に，本章の最後（**4-11 項**）まで進み，f_t と S_d および r が確定したら本項に戻り，この**第 4-6-1 表**に従ってまず L_e を求める．次に L_e の値に応じて L を求める計算式を選択する．

また，この表に示した計算式の V_r は V_{rad} とするのが正しいのだが，前述した通り暫定的に V_r としておく．後にダクトが確定した段階で (6-3-25) 式を用いて V_{rad} を求めるのだが，その場合に必要になるダクト等価体積 V_d を求める計算式は，上に示した表の L を求める計算式によって異なり，まず上段の計算式が当てはまる場合は，

$$V_d = S_d \left(L_e - 1.6976 rG - t_b \right) \ \ 〔\mathrm{m}^3〕$$
$$\cdots\cdots\cdots\cdots\cdots\cdots\cdots\cdots (4\text{-}6\text{-}4)$$

下段の計算式が当てはまる場合は，

$$V_d = S_d \left[L_e \{ (1 - \beta G) + 0.4201 (1 - \beta) \} - t_b \right]$$
$$〔\mathrm{m}^3〕 \cdots\cdots\cdots\cdots\cdots\cdots\cdots (4\text{-}6\text{-}5)$$

となる．

さて，前項でも触れたようにダクトの機械的長さには共鳴の強さとの関係で望ましい範囲があり，そのことについては**4-11 項**において述べる．

4-7 ダクトの開口位置を求める

ダクト開口位置は，エンクロージャのどこに設けてもよいのだが，ダクトからの音波がスピーカユニット前面からの音波と同相になって低域の音圧低下を補うという動作原理から考えると，スピーカユニットが取り付けられたバッフル面に設けることを原則とすべきであろう.

その場合の具体的な位置は，従来，スピーカユニット中心からダクト中心までの距離を$2.5a$から$4a$の範囲にとるのがよいとされているのだが，位相反転型エンクロージャの内部における音波の振る舞いを考えると，外部から見た距離よりもエンクロージャ内部におけるスピーカユニット振動板とダクト内側端との距離こそ問題にしなければならない.

そこでまず他の条件は一定として，スピーカユニット振動板とダクト内側端との距離が接近している場合を考えると，スピーカユニット背面からの音波の一部が共鳴に関与しないまま，すなわち位相が反転しないままダクトから放射されてしまうため，音波の打ち消しによる周波数特性上のうねりや，干渉による高調波歪みの増加が考えられる. また共鳴周波数以下の領域においても，同様にスピーカユニット背面からの音波は接近しているダクトから放射されやすい状況となり，このことは振動板が動きやすくなることを意味する. そのうえ4-3項で述べたように，共鳴現象によってその動きが助長されるため，この領域の強い信号が加わると振幅過大になりやすい.

次にスピーカユニット振動板とダクト内側端との距離が遠い場合を考えると，スピーカユニットとダクトそれぞれから放射される音波は同相になって強め合うはずのものが，その遠い距離のため完全に同相にはならなくなる. そうすると共鳴周波数より上の周波数領域では出力音圧レベルが低下し，共鳴周波数以下の周波数領域では相対的に出力音圧レベルが上昇したことになるため，共鳴周波数付近の音が耳につきやすくなる. その結果，前章の3-1項で説明した，信号がなくなった後の収束時間が長いという短所が目立つようになり，尾を引いているような歯切れの悪い音になる.

以上述べたように，スピーカユニット振動板とダクト内側端との距離は近すぎても遠すぎても音質的に好ましくないということがいえる. それでは，その距離はどのようにして決めればよいかというと，それをL_{up}として，これまでに述べてきたことから，その最適値を求める計算式を考えると次式が導かれる.

$$L_{up} = 0.8488a + L_i \quad 〔\mathrm{m}〕 \cdots\cdots\cdots (4\text{-}7\text{-}1)$$

上式からわかるように，ダクト内側端の見なし長さによって，言い換えればダクトをどのように設計するかによってL_{up}の最適値は変化する. ゆえにダクトを真円の直管を1本とした場

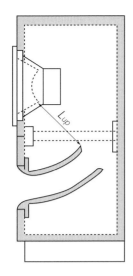

**第 4-7-1 図　スピーカユニット振動板と
ダクト内側端との距離**

合における L_{up} の最適値は，次式によって求められることになる．

$$L_{up} = 0.8488a + 1.23r \quad 〔m〕 \cdots\cdots (4\text{-}7\text{-}2)$$

その他の場合についても，これまでに述べてきたことに基づいてダクト内側端の見なし長さを算出し，それを（4-7-1）式に代入することによって L_{up} の最適値が求められる．そしてその L_{up} は，具体的にどこの距離に採ればよいのかというと，**第 4-7-1 図**に示したように，スピーカ

ユニット振動板とダクト内側端との最短距離であり，その最短距離が最適値になるようにダクトの位置を決めればよい．

　次に L_{up} の適合範囲であるが，残念ながら普遍性を持った計算式や数値を示すことはできない．一般的にダクトの位置はスピーカユニットから遠いよりは近いほうが，わずかではあるが音質的に好ましく感じられることが経験則としてわかっている．それは，ダクト位置が近い場合に発生する周波数特性上のうねりはその度合いが小さく，しかも位相が反転しないまま放射される音波は過渡特性を改善するような効果をもたらすからであろうことと，高調波歪みの増加もその度合いは小さく，むしろ音程が判別しやすくなるからであろうと考えられる．

　このように，結果として聴感上の問題になってしまうことと，設計次第でシステムごとに異なった機械的制約が加わることが考えられるため，普遍性のある計算式や数値を明示することができないのである．したがって，適合範囲については個々の設計に応じてその都度判断しなければならないのだが，それほど厳密に考える必要もないであろう．ゆえに従来通りの決め方が妥当であるともいえる．

4-8 見なし長さの波長による依存性の考察

位相反転型エンクロージャのダクトにおける見なし長さは，共鳴周波数の波長 λ によって変化すると考えられるのだが，しかしこれについては結論から先にいうと，波長による依存性はあるものの，考慮の必要はないということになる．それは，見なし長さの波長による依存性が認められるのはダクトの等価半径 r の値が，共鳴周波数の波長 λ の値に近いときであり，その場合は**第4-1-3図（a）**に示した L_{ir}，L_{or} が短くなってしまうのだが，実際の場合におけるダクトの等価半径は，共鳴周波数の波長より充分小さな値になるため，波長による依存性が認められる範囲外になるからである．

一般的な位相反転型エンクロージャにおいては，その目的からチューニング周波数，すなわち共鳴周波数は100Hz以下であり，仮に100Hzとしても，その波長は343.59cmである．

一方，ダクトをエンクロージャの後ろ側に設けて，その等価半径をできるだけ大きくした場合を考えると，**第4-8-1図**に示すような後面開放型キャビネットと同等になり，その場合は最早，見なし長さという考え方が成立しなくなる．こ

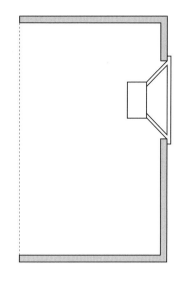

第4-8-1図　後面開放型キャビネット

れらのことから通常，ダクトの等価半径は共鳴周波数の波長よりも充分小さな値となり，ゆえに見なし長さの波長による依存性は考慮の必要がないというわけである．

また，**4-1項**において，ダクトを真円直管とした場合，ダクト内部における音波は平面波と見なすことができると述べたが，それもこの前提があってこそいえるということがわかる．

4-9 ダクトを複数とした場合の考察

これまでダクトはその開口形状にかかわらず1本との前提に基づいて考えてきたが，次にダクトを複数にした場合を考える．結論から先に言えば，位相反転型エンクロージャにおけるダクトは1本にすべきであり，理由は以下の通りである．

ダクトを複数にする場合については，大別して次の三つが考えられる．

第一はバッフル板面積に対してダクト開口面積が比較的大きくなるような設計の場合，1本のダクトでは配置上の難しさや強度的な問題が生ずるのだが，**第4-9-1図**に示すように面積の小さなダクトを複数設けることによってこの問題を解決しようとする場合である．

第二は複数のダクトを設けることによって幅広い実験ができるようにしようとする場合である．

第三は意匠上の問題，すなわち設計者がダクトを複数にしたほうが格好がよいと思う場合である．

このうち三番目は理論設計という観点から考えれば論外である．二番目は最適な理論設計として完成させるという観点から考えれば，これも論外であり，問題になるのは一番目だけである．

さて位相反転型エンクロージャにおいてダクトを複数設ける場合の基本的なこととして認識しておかなければならないことは，どのような

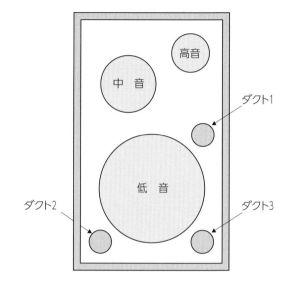

第 4-9-1 図　複数のダクト

場合も，その複数のダクトの面積や長さはもちろんのこと，その他すべての条件を同一にしなければならないということである．なぜかというと条件の違うダクトを複数設けても共鳴周波数が複数現れることはなく，しかも条件が大きく異なる場合はダクト内空気の等価質量が小さいほうのダクトが空気漏れの穴として動作し，共鳴が弱くなってしまうとともに，チューニング周波数が計算通りにならないからである．従来から位相反転型エンクロージャといえどもダクト以外に空気が出入りする箇所があってはならないといわれているのはこのためである．

それでは全く同じ条件のダクトを複数設けた場合の動作はどうなるかというと，まず面積に

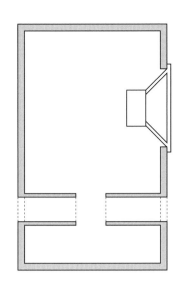

第 4-9-2 図　前後対向に設けたダクト例

$$r_t = \sqrt{\frac{S_{dt}}{\pi}} - \frac{\sqrt{\dfrac{S_{dt}}{\pi}} - \sqrt{\dfrac{S_{de}}{\pi}}}{2} \quad \text{〔m〕}$$

$$\cdots\cdots\cdots\cdots\cdots\cdots (4\text{-}9\text{-}1)$$

　求めたr_tの値を，ダクトの機械的長さを求める計算式のなかのrのところに代入すればよく，これは矩形ダクトの場合も同様である．

　しかし，すべての条件が等しいダクトを2本にした場合であっても，近接した状態であったり，**第4-9-2図**に示すようにダクトを前後に対向して設けるなどの特殊な場合については，上式は成立しない．そのような特殊な設計をする必要性もないであろう．

　さらに注意しなければならないことがあり，それは同じ条件のダクトが複数あると，当然ダクトそのものの共鳴周波数も同じになることから，その共鳴が強くなってしまうことである．そうすると音圧周波数特性にうねりが生じ，音質が劣化する場合がある．ゆえに複数のダクトを設ける場合は，ダクトそのものの共鳴周波数を計算し，音圧周波数特性上の該当周波数付近に大きな乱れがないか確認しておくことが欠かせない．

　以上述べたことから，設計上やむを得ない事情がある場合を除き，ダクトは1本にすべきであるという理由がおわかりいただけたと思う．

ついてはすべてのダクトの合計面積と同じ面積のダクト1本の場合と同じであり，機械的長さについてもその求め方は基本的には変わらない．ただし等価半径は合計面積から(3-2-2)式を用いて計算される値とはならない．そこで1つのダクト開口面積をS_{de}，合計面積をS_{dt}とし，総合的な結果としての等価半径をr_tとすると，r_tは次式によって求められる．

4-10 ダクトの形状についての考察

前章第2-4項において，密閉型の場合，エンクロージャ奥行き内寸は2a以上必要であることを述べたが，位相反転型の場合は別の角度から考えねばならない．これまでは位相反転型エンクロージャにおけるダクトは内側端から外側端まで形状が一定の直管であるとの前提で進めてきたが，その場合，構造上と動作原理上からスピーカユニットの振動板の前後に加わる空気圧に差が生じて，振動の中心軸が内側にずれてしまうことになる．その理由を具体的に考えると次の通りである．位相反転型としての効果が発揮されている周波数帯では，ダクト内空気はスピーカユニットの振動板が動こうとしている方向と同じ方向に動くのだが，直管ダクトの場合，ダクト内空気が内側に向かって動いたとき，すなわちエンクロージャ内部に向かって音波が発生した場合を考えると音波は裏板によって反射し，打ち消しが起こる．その結果，エンクロージャ内部の圧力上昇が弱まり，同じ内側に動こうとしているスピーカユニットの振動板は動きやすくなるとともに大気圧もそれを助長するように働くからである．そうすると振動の中心軸が内側にずれて最大振幅が狭まるとともに出

力音波のエネルギー密度が低下し，歪みも増大するなど，スピーカユニットが本来持っている性能を発揮できない状況となる．これが従来，位相反転型スピーカシステムは音が良くないと言われてきた原因と思われる．エンクロージャの奥行き内寸を変えずにこの状況を改善するには，直管ダクトの場合，第4-10-1図(b)に示すように音波をスピーカユニット方向に反射させる板を設置する方法が有効である．ところで従来から行われているダクト両端のフレア加工は風切り音の防止が目的であったと思われるが，この(b)図に示したようにダクト内側端を小さくフレア加工し，外側端をホーン形状加工すること

(a) 正面　　　　　　　　　　　(b) 側断面

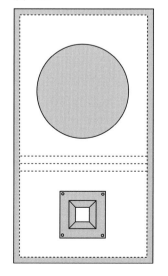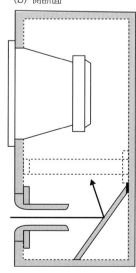

第4-10-1図　直管ダクトの例

は風切り音の防止だけではなく，上述した状況を改善する方法として効果的であり，さらに**第4-10-2図(b)**に示すように，そのダクトを曲げれば最も効果的である．言い方を変えれば位相反転型スピーカシステムにおけるダクトは原則としてこの**第4-10-2図(b)**に示した形状にするのが正しく，最善策といえる．ここで注意しなければならないことはダクトを曲げた場合，ダクト内部における摩擦損失が増大して，みなし長さが短くなるため，機械的長さを長くしなければならないことである．そうすると摩擦損失のさらなる増加によって面積が実質的に減少したのと同じことになるため，開口面積も大きくする必要が生ずる．しかし曲げる角度が90°以内であれば直管と同等とみなすことができると考えられ，その場合を**第4-10-3図**に示す．図中に示した条件が満たされていれば，直管として計算しても誤差は小さく，問題はないはずである．

またフレア加工やホーン形状加工によってダクトの実効長が短くなってしまうことにも注意

が必要である．ダクトの曲げ加工やフレア加工，またはホーン形状加工の方法については，理論的にはチューニング周波数 f_t から，その周波数のオクターブ上の周波数，たとえば f_t が25Hzであれば25Hzから50Hzの間の出力音圧レベルが最大になるように加工すればよいということになるのだが，これでは抽象的すぎる．もう少し具体的にいえば，ダクト曲げ加工の度合いは，ダクト内側端がエンクロージャ内面（吸音材表面）に近づきすぎないように角度を計算すること，そしてダクト内側端は角を落とす程度の控えめなフレア加工とし，外側端はやや大きめなフレア加工（ホーン形状加工）とすればよい．

前述したようにこのとき加工の度合いに応じてダクト実効長が短くなることおよび見なし長さが短くなることなどを常に考慮しながら加工を進める必要がある．しかし結果的に加工の度合いは千差万別になってしまうとともに，吸音材による影響度も千差万別になってしまうため，具体的な数値を明示することは困難である．そこでどのような加工をする場合も，ダクトの機械的長さを設計値（計算値）より10～50％程度長くしておき，仕上がりのチューニング周波数が設計値になるよう，長さも含めてダクトを徐々に加工して行くという方法が現実的である．すなわち機械的長さの計算値が小さいほど長くする割合を大きくするということである．大雑把すぎると思われるかもしれないが，このような方法でも，事前の設計値（計算値）からかけ離れてしまうことはなく，多少のずれは全く問

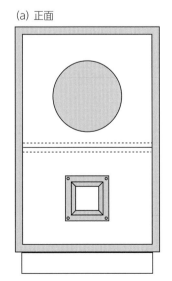
(a) 正面

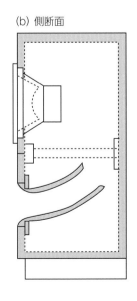
(b) 側断面

第 4-10-2 図　ダクトを曲げた例

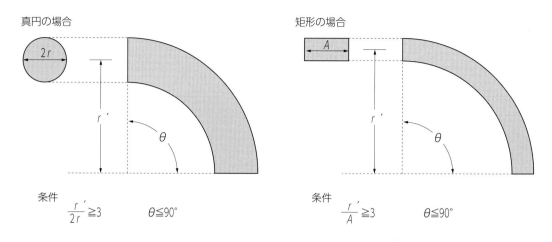

第 4-10-3 図　直管と同等と見なせる目安

題がないことは次項において明示する.

　さて，これまでに述べてきた通り，ダクトの状態や種類は無数に考えられるわけだが，今日までに考えられたものの中でよく知られているものとして，バックロードホーン，ホーン形状ダクト，スリットダクト，マルチダクト，ケルトン型，R-J型，アクースティマス型，ダブルバスレフ型，さらには壁や床を利用してダクトを形成させる方法や，パッシブラジエータまたはドローンコーンという，振動板のみで磁気回路を持たないスピーカユニットのようなものをダクトの代わりに取り付ける方法などがあり，実際に商品化されたものも多い．これら以外にも内外において数多くの方法が考えられ，特許を取得しているものも少なくない．しかし大局的見地に立って考えれば，それらはすべて変形ダクトや代用ダクト，または組み合わせダクトというべきものである．そして今後も様々な形状のダクトが次々と考え出される可能性があるのだが，上述した各種方式も含め，それらについて追試，検証の必要性はないであろう．なぜなら位相反転型エンクロージャの基本動作は，共鳴現象を利用して大気の一部であるダクト内空

気を振動板として動作させるという，構造が簡単なわりには実に巧妙で効果的，かつ効率的なものであり，本書において設計例として示したような基本的な構造は変えようのない高い普遍性を持っていると思われるからである．すなわち動作原理から理論的に判断すれば，基本的な構造のものと同等以上の動作をすると思われる方式は皆無といえるからであり，言い方を変えれば，基本的な構造を変えても性能が良くなったり，音質が改善されることはないからである．

　以上述べたことから，基本的な構造の位相反転型エンクロージャは低音再生用エンクロージャとして唯一実用になるものと考えられ，前述した通り，ダクトは円形または矩形のもの1本による設計が最善策であり，やむを得ない事情による特化した設計のものを除き，通常はそれ以外の設計を採用しなければならない合理的理由はないということである．いうまでもないが，理論的に不適切なものであれ，性能が劣るものであれ，当事者が楽しむために各種方式によって設計製作することは自由である．

4-11 チューニング点の適合範囲を求める

これまでに密閉型を含めた位相反転型エンクロージャの基礎的な事項に関する説明をしてきたが，本項では本題である位相反転型エンクロージャの具体的な設計の手順を説明して行く．

さてチューニング周波数とダクト開口面積とは密接な関連性があり，切り離して考えることはできないため，グラフ化することによってその関連性が理解しやすくなることは**4-3項**で述べた通りである．そのグラフにおいて基準チューニング線は，チューニング周波数の適合範囲におけるダクト開口面積の暫定的な最大値を表すものであることから，チューニング周波数 f_t とダクト開口面積 S_d によって決まる点，すなわちチューニング点の最適点および適合範囲を求める方法を考えねばならない．それはどのようにして求めるのかというと次の通りである．

まず前提条件として，吸音材は適切な種類の，そして必要にして十分な量が，適切に張られているものとし，ダクトは真円のもの1本とする．その場合，他の条件を一定とすれば，共鳴の強さはダクト等価長さが見なし長さの2倍のとき，すなわち L_e の値が $5.8552r$ のとき最大になることから，まず L_e の値が $5.8552r$ になるチューニング周波数を求めればよいことがわかる．そしてダクト開口面積の最適値 S_{ds} に対応するそのチューニング周波数を f_{tas} とすると，求める計算式は（4-5-8）式を応用して次の通りとなる．

$$f_{tas} = \sqrt{\frac{2990.3 S_{ds}}{5.8552 r V_{rad}}} \quad [\text{Hz}] \cdots\cdots \text{(4-11-1)}$$

上式における r のところには S_{ds} の値を基に（3-2-2）式から計算される等価半径の値を代入すればよい．またダクトから見たエンクロージャ実効内容積 V_{rad} のところには（4-5-22）式によって計算される値を代入すればよいのだが，この段階ではダクトの面積や長さが確定していないため計算できない．そこで V_{rad} のところには近似値になることがわかっているエンクロージャ実効内容積 V_r を代入して計算するのだが，結果には問題となるような大きな差は生じないはずである．ダクトの開口面積と機械的長さが確定するまでは，以下に示すすべての計算式においても同様に，V_{rad} のところには V_r を代入して計算する．そして基準チューニング線を描いたグラフ上に，求められた点（$S_{ds}\cdot f_{tas}$）を描くと，その点は S_{ds} において共鳴の強さが最大になる点であるから，同様に S_{dh} とその等価半径，または S_{dl} とその等価半径を（4-11-1）式に代入し，それぞれにおいて共鳴の強さが最大になるチューニング周波数を求めればよいであろうことがわかる．それぞれの周波数を f_{tah}，f_{tal} とすると，それを求める計算式は次の通りとなる．

$$f_{tah} = \sqrt{\frac{2990.3 S_{dh}}{5.8552 r V_{rad}}} \quad [\text{Hz}] \cdots \text{(4-11-2)}$$

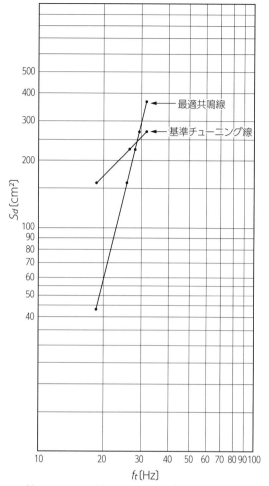

第4-11-1図　基準チューニング線と最適共鳴線

$$f_{tal} = \sqrt{\frac{2990.3 S_{dl}}{5.8552 r V_{rad}}} \quad [\text{Hz}] \cdots\cdots (4\text{-}11\text{-}3)$$

求められた3つの点$(S_{ds} \cdot f_{tas})$, $(S_{dh} \cdot f_{tah})$, $(S_{dl} \cdot f_{tal})$を直線で結び, その直線をf_{tal}線およびf_{th}線と交わる点まで延長する. この直線上にチューニング点を採った場合, その点によって決まるダクト開口面積とチューニング周波数との組み合わせにおいて最も効率よく共鳴が起こると考えられることから, この直線を**最適共鳴線**と呼ぶことにし, その一例として, この後に出てくる設計例1の場合を**第4-11-1図**に示す. そしてその最適共鳴線は, **4-3項**で述べたスピーカユニットの振動系機械質量m_sや力係

数による依存性を包含したものと考えることができる.

さてここで, 上述した最適共鳴線を描くための, もう少し効率的な方法を考えてみる. まず(4-11-2)式によって求めた点$(S_{dh} \cdot f_{tah})$はそのまま用いる. それはなぜかというと, 基準チューニング線が意味するところから, ここで求めようとしているチューニング点の適合範囲はすべての場合において縦軸のS_{dh}線より上になることはないと考えられるからである. そして次にf_{tal}線上においてL_eの値が$5.8552r$になるダクト開口面積を求めれば, それが最小値$S_{d\,min}$になり, 点$(f_{tl} \cdot S_{d\,min})$も共鳴の強さが最大になる点の一つになるはずである. そこでまず(4-11-1)式におけるf_{tas}をf_{tl}に置き換えるとともに, S_{ds}を$S_{d\,min}$に置き換える. rのところには$S_{d\,min}$を当てはめた(3-2-2)式を代入し, $S_{d\,min}$について変形すると下式が導かれる.

$$S_{d\,min} = 1.2204 (V_{rad})^2 (f_{tl})^4 \times 10^{-6} \quad [\text{m}^2]$$
$$\cdots\cdots\cdots\cdots\cdots\cdots\cdots (4\text{-}11\text{-}4)$$

蛇足ながら上式の右辺最終項における乗数10^{-6}を10^{-2}にすると下式に示す通り, 答えの単位はcm^2であり, 以後実用的となるのだが, V_{rad}, f_{tl}の単位は上式と変わらないことに注意されたい. この計算式に限らず, すべての計算式における合理的な計算方法を各自工夫されたい.

$$S_{d\,min} = 1.2204 (V_{rad})^2 (f_{tl})^4 \times 10^{-2} \quad [\text{cm}^2]$$
$$\cdots\cdots\cdots\cdots\cdots\cdots\cdots (4\text{-}11\text{-}5)$$

そして本章第6項で述べた基準チューニング線を描いたグラフ上に, (4-11-2)式によって求め

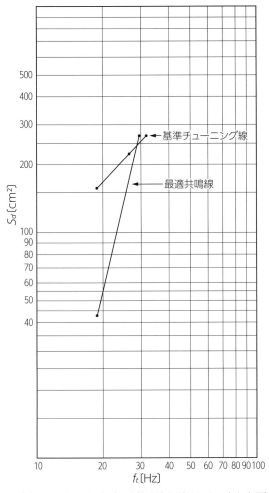

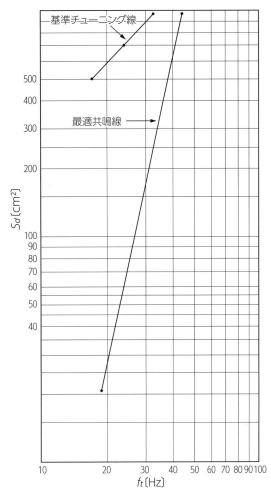

(a) 設計例1の場合（最適共鳴線を引くための点を変更）　　(b) 設計例3の場合

第4-11-2図　実際の基準チューニング線と最適共鳴線

られる点（$S_{dh} \cdot f_{tah}$）および上式によって求められる点（$f_{tl} \cdot S_{d\min}$）を描いてその2点を直線で結ぶという方法が考えられる．この方法によれば計算の手間が若干省けるとともに，確実に直線を描くことができる．その結果の例を示すものが**第4-11-2図**である．

　次に，チューニング周波数を求めた場合と同じ観点から最適共鳴といえる範囲を考えてみると，それは**4-8項**で述べたことから，ダクトの等価長さL_eが$5.8552r$のときを中心にして，見なし長さの半分である$1.4638r$を引いた値から加えた値まで，すなわちL_eの値が$4.3914r$から

$7.319r$までと考えられる．そこでS_{dh}において，L_eの値が$4.3914r$になるときのチューニング周波数をf_{tbh}とし，L_eの値が$7.319r$になるときのチューニング周波数をf_{tbl}として，これらを求める計算式を考える．なぜS_{dh}においてなのかというと，前述した通り直線を引くために必要な上側の点を確定するのに相応しいからである．そして（4-11-2）式を応用すると，求める計算式は次の通りとなる．

$$f_{tah} = \sqrt{\frac{2990.3 S_{dh}}{4.391 r V_{rad}}} \quad \text{〔Hz〕} \quad \cdots \text{（4-11-6）}$$

$$f_{tal} = \sqrt{\frac{2990.3 S_{dl}}{7.319 r V_{rad}}} \quad \text{[Hz]} \cdots\cdots \text{(4-11-7)}$$

求められた2点 $(S_{dh} \cdot f_{tbh})$, $(S_{dh} \cdot f_{tbl})$ を同じグラフに描くと，それが直線を引くための上側の点となる．そしてそれぞれの点に対応する下側の点を求めるには，最適共鳴線の場合と同じようにすればよい．すなわち (4-11-6) 式における f_{tbh} を f_{tl} に，S_{dh} を $S_{d\,min}$ にそれぞれ置き換える．そして r のところには，$S_{d\,min}$ を当てはめた (3-2-2) 式を代入し，$S_{d\,min}$ について変形すると下式が導かれる．

$$S_{d\,min} = 0.6865 (V_{rad})^2 (f_{tl})^4 \times 10^{-6} \quad \text{[m}^2\text{]}$$
$$\cdots\cdots\cdots\cdots\cdots\cdots \text{(4-11-8)}$$

(4-11-7) 式についても同様に変形すると下式が導かれる．

$$S_{d\,min} = 1.9069 (V_{rad})^2 (f_{tl})^4 \times 10^{-6} \quad \text{[m}^2\text{]}$$
$$\cdots\cdots\cdots\cdots\cdots\cdots \text{(4-11-9)}$$

そして (4-11-6) 式によって求めた点 $(S_{dh} \cdot f_{tbh})$ と (4-11-8) 式によって求められた点 $(S_{d\,min} \cdot f_{tl})$ とを直線で結ぶ．その直線はグラフの横軸を基準に見た場合，最適共鳴といえる範囲の上限を表す線ということになり，よって**上限線**と呼ぶことにする．また (4-11-7) 式によって求めた点 $(S_{dh} \cdot f_{tbl})$ と，(4-11-9) 式によって求められた点 $(S_{d\,min} \cdot f_{tal})$ とを直線で結び，横軸を基準に見た場合，その直線は最適共鳴といえる範囲の下限を表す線ということになり，よって**下限線**と呼ぶことにする．

以上述べたことを，設計例1の場合についてグラフ化したものが**第4-11-3図**である．このグ

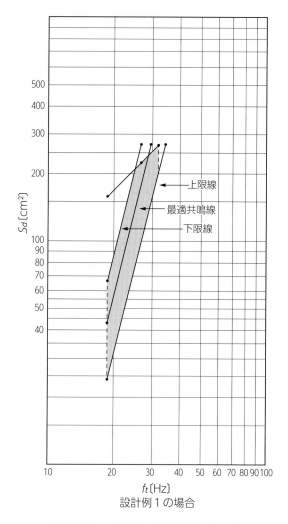

設計例1の場合

第4-11-3図 暫定的な最適共鳴の範囲

ラフに示された最適共鳴線，上限線，下限線という3本の線によって最適共鳴といえる範囲が明確になったわけだが，その範囲がチューニング点の適合範囲になるわけではない．それではチューニング点の適合範囲はどのようにして求めるのかというと，基準チューニング線と最適共鳴線，下限線，上限線，計4本の線が描かれたグラフ上に作図することによって明確にすることができる．それは次の通りである．

まずダクト開口面積の最大値はどうなるかを考えてみると，それは下限線が基準チューニン

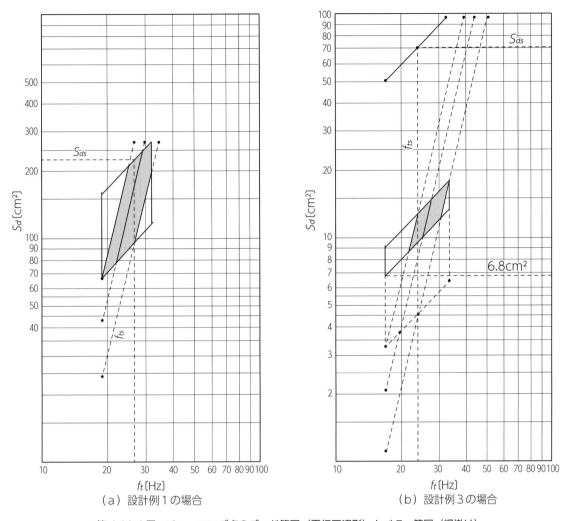

（a）設計例1の場合　　　　　　　　　　（b）設計例3の場合

第 4-11-4 図　チューニング点のグッド範囲（平行四辺形）とベター範囲（網掛け）

 グ線と交わるか交わらないか，さらに交わる場合はどこで交わるかによって変わってくる．このことをわかりやすく図示したものが**第4-11-4図**である．**(a)** に示した例ではS_{ds}線上において，**下限線が基準チューニング線上の点（$f_{ts}・S_{ds}$）より左側を通っている．このように下限線，または下限線と最適共鳴線が基準チューニング線上の点（$f_{ts}・S_{ds}$）より左側を通る場合，基準チューニング線がダクト開口面積の最大値を表す線として確定する．**しかし上限線までもが左側を通ってしまうような場合は計算間違い，または設

計に問題があると考えられる．

　(b) に示した例ではS_{ds}線上において，**下限線が基準チューニング線上の点（$f_{ts}・S_{ds}$）より右側を通っている．このように下限線が基準チューニング線上の点（$f_{ts}・S_{ds}$）より右側を通る場合は，その下限線とf_{ts}線との交点を通り，基準チューニング線と平行な線をf_{tal}からf_{th}まで引くと，それがダクト開口面積の最大値を表す線となる．**

　次にダクト開口面積の最小値を考えてみると，それはグラフ上における上限線とf_{ts}線との交点を通り，基準チューニング線と平行な直線に

なると考えられる．それは f_{ts} 線と，最適共鳴線，上限線，下限線それぞれとの交点を見てみると，上限線との交点が最も下になる，すなわちダクト開口面積が最も小さくなるからである．そしてその交点は，前述したようにグラフ上で確定することができるのだが，計算によって求めることもできる．すなわち (4-11-8) 式における f_{tl} を f_{ts} に置き換えればよく，下式の通りとなる．

$$S_{d\,\min} = 0.6865(V_{rad})^2(f_{ts})^4 \times 10^{-6} \quad [\text{m}^2]$$
$$\cdots\cdots\cdots\cdots\cdots\cdots\cdots\cdots\cdots (4\text{-}11\text{-}10)$$

上式によって求められた点 $(S_{d\,\min} \cdot f_{ts})$ と，(4-11-9) 式によって求めた点 $(S_{d\,\min} \cdot f_{tal})$ とを直線で結び，f_{th} 線と交わる点まで延長すると，その直線は基準チューニング線と平行になるはずである．言い方を変えれば，(4-11-9) 式によって求めた点 $(S_{d\,\min} \cdot f_{tl})$ を通り，基準チューニング線と平行な直線を f_{th} 線と交わる点まで延長すればよいということである．その直線から読み取れる縦軸の値がダクト開口面積の最小値となる．ただし，点 $(S_{d\,\min} \cdot f_{tl})$ から読み取れる縦軸の値が，用いるスピーカユニットの実効振動面積の 2% 未満になる場合は修正が必要である．それはダクト開口面積が小さすぎると共鳴が弱くなって密閉型の特性に近づき，位相反転型としての意味が失われてしまうからである．位相反転型として有意義と認められるダクト開口面積の最小値としての具体的な値は実効振動面積 S_u の 2% が目安であり，**第4-11-4 図 (b)** が該当する例となる．この **(b)** の場合は実効振動面積 S_u の 2% を計算すると 6.8cm² となり，これがダクト開口面積の最小値となる．ゆえに縦軸の 6.8cm² の線と，横軸の f_{tl} 線との交点を通り，基準チューニング線と平行な線を

f_{th} 線まで延長すると，この線が最終的なダクト開口面積の最小値を表す線になる．図からわかるように最終的なグッド範囲は，最初に求めたチューニング点のグッド範囲の上側 1／4 ほどになってしまうことがわかる．

以上述べたことから，図示したようにダクト開口面積の最大値と最小値を表す線に囲まれた平行四辺形の中がチューニング点の適合範囲 (good area) となり，その中の最適共鳴線を中心に下限線と上限線に囲まれた中が，よりよい適合範囲 (better area) となる．以下においては適合範囲 (good area)，よりよい適合範囲 (better area) をそれぞれ**グッド範囲**，**ベター範囲**と呼ぶことにする．それでは最もよい適合範囲 (best area) はどうなるのか，それを**ベスト範囲**と呼ぶことにするが，それは**第4-11-5図**に示した通りである．

まず **(a)** の場合，最適共鳴線のグッド範囲における機械的中心点をOとし，点Oを通り，基準チューニング線と平行な線を下限線から上限線まで描く．下限線，上限線それぞれの交点を平行移動し，最適共鳴線との交点を求める．求めた 2 つの点それぞれを通り，基準チューニング線と平行な線を下限線から上限線まで描くと，ベター範囲の中に点Oを中心とした平行四辺形ができる．この平行四辺形の中が**ベスト範囲**となり，点Oが最適チューニング点となる．

そして **(b)** の場合も同様に，最終的なグッド範囲を貫く最適共鳴線の機械的中心点をOとし，点Oを通り，基準チューニング線と平行な線を下限線から上限線まで描く．下限線との交点および上限線との交点，それぞれを平行移動し，最適共鳴線との交点を求める．求めた 2 つの点それぞれを通り，基準チューニング線と平行な線を下限線から上限線まで描くと，ベター範囲の

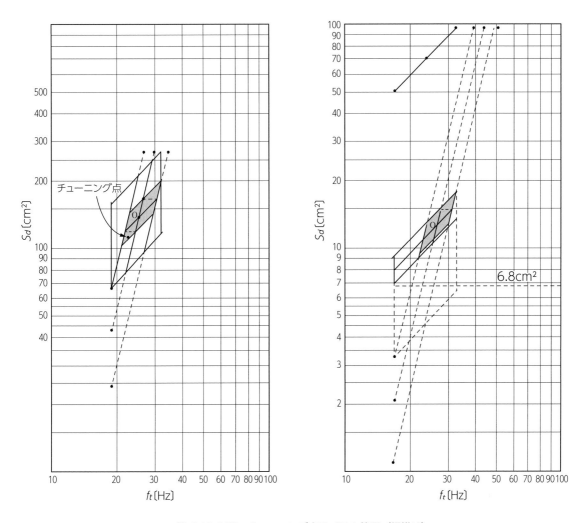

第4-11-5図　チューニング点のベスト範囲（網掛け）

なかに点Oを中心とした平行四辺形ができる．この平行四辺形の中が**ベスト範囲**となり，点Oが最適チューニング点となる．この場合，図からわかるように，ベター範囲とベスト範囲がほぼ同じになる．

　以上，チューニング点の適合範囲は基準チューニング線と最適共鳴線および上限線，下限線を描いたグラフに作図するという方法によって明確になることがわかったわけだが，実際の場合，チューニング点をどこに採ればよいかというと，エンクロージャの寸法や形状とダクトの寸法や形状を勘案しなければならないのだが，

一般的な目安は次の通りである．

　まず，最適チューニング点Oは，前述した通り，作図によって機械的に決まる点であり，その点だけが特別優れたよい動作をするというわけではない．したがって実際に設計する場合，チューニング点は最適チューニング点Oにこだわらず，ベスト範囲内に採れば問題はない．また，何らかの理由でチューニング点をベスト範囲に採らない，あるいは採れない場合は，ベスト範囲に近いベター範囲，またはグッド範囲に採ればよい．

　以上述べたことは真円ダクトの場合であった

が，矩形ダクトの場合であっても改めて計算し
直して作図する必要はなく，真円ダクトの場合
の計算結果はそのまま応用可能である．あとは
最終段階として，ダクトの形状を決めて機械的
長さを求めれば設計完了である．

　ちなみに，チューニング点を最適共鳴線の左
側，すなわちチューニング周波数が低い方に採
った場合，**第4-5-1表**と**第4-6-1表**に示したダク
トの機械的長さ L を求める計算式は上段が当て
はまり，右側，すなわちチューニング周波数が
高いほうに採った場合は下段が当てはまると考
えてよい．またダクトの機械的長さは一般的に
チューニング周波数が低いほど，そしてダクト
開口面積が大きいほど長くなるということも覚
えておくとよい．

　さて，前述したように位相反転型エンクロー
ジャ設計の最終段階は，ダクトを具体的に決め
ることであるが，その手順は，設計例1として
示した場合について説明すると以下の通りであ
る．

(1) チューニング点を決める．

　この設計例の場合，チューニング周波数は低
めにしたい．その場合，ダクト開口面積を大き
く採るとダクトの機械的長さが長くなりすぎて
しまうと考えられる．そこで，チューニング周
波数 f_t は 22.5Hz とし，ダクト開口面積 S_d は約
112cm² にする．チューニング点は**第4-11-5図**
(a) に矢印で示したベスト範囲の下端に近い点
となる．

(2) ダクトの断面形状および全体形状を決める．

　共鳴の強さという観点から真円が最良であり，
正方形が次善策といえる．一般的に加工が容易
なのは真円より矩形であることから，この場合

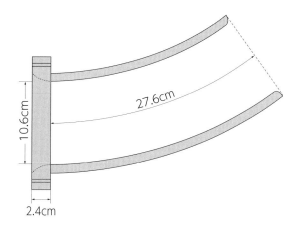

第 4-11-6 図　設計例 1 のダクト例

は正方形に近い長方形とする．

　また，裏板からの反射による打ち消し対策と
して曲げダクトとする．

(3) ダクトの開口面積を逆算する．

　矩形ダクトの場合，**第4-2-2図**から K_s を，**第**
4-3-2図から K_a を読み取り，開口面積を逆算す
る．ただし K_a の値は吸音率が小さいと推測し
て 0.95 とする．

$$S_d = 112 \div 0.96 \div 0.95 \fallingdotseq 122.8 \ [\mathrm{cm}^2]$$

(4) 正方形に近い長辺と短辺の長さの組み合わせ
で，前項で求めた S_d の値に近くなるような組
み合わせを決める．

$$11.6 \times 10.6 = 122.96 \ [\mathrm{cm}^2]$$

実効的な S_d を改めて計算すると，

$$S_d = 122.96 \times 0.96 \times 0.95 \fallingdotseq 112.14 \ [\mathrm{cm}^2]$$

(5) 等価半径 r を計算する．

$$r = \sqrt{\frac{112.14}{\pi}} \fallingdotseq 5.97 \; [\text{cm}]$$

(6) ダクトの機械的長さ L を計算する.

第4-2-3図から G_s を，第4-5-1図から G_a を読み取る. ただし G_a の値は吸音率が小さいと推測して0.72とする. またエンクロージャ実効内容積 V_r は0.169m³である. チューニング点が最適共鳴線の左側であることから，L を求める計算式は第4-6-1表における上段の計算式が該当する.

$$L = \frac{29903 \times 112.14}{(22.5)^2 \times 169} - 2.9276 \times 5.97 \times 0.96 \times 0.72$$
$$= 39.19 - 12.09 \fallingdotseq 27.1 \; [\text{cm}]$$

（注）上式は，計算しやすくするため10の累乗を相殺した計算式であり，V_r の値はリットルで表した数値を代入し，答えの単位は cm になることに注意されたい.

以上によってダクトの形状と機械的長さが確定し，設計完了となるのだが，これで終わりではない. 最後の工程として V_r を V_{rad} に入れ替えて検算する必要がある. そこでまず (4-5-21) 式によって V_{rad} を計算すると次の通りとなる. ただし，この設計例の場合における実際値として V_{ra} は177.4リットル，V_d は4.9リットルである.

$$V_{rad} = 0.169 + \frac{0.011214(0.1774 - 0.169)}{0.0539} - 0.0049$$
$$\fallingdotseq 0.1658 \; [\text{リットル}]$$

この結果を基にダクトの機械的長さを再計算すると，

$$L = \frac{29903 \times 112.14}{(22.5)^2 \times 165.8} - 2.9276 \times 5.97 \times 0.96 \times 0.72$$
$$= 39.95 - 12.09 \fallingdotseq 27.86 \; [\text{cm}]$$

最初の計算値との差の割合は約2.8%であり，V_r と V_{rad} との差の割合は約1.9%となる. このことと本章4-5項で述べたことから，V_r と V_{rad} との差の割合が2%未満である場合，ダクトの機械的長さ L は最初の計算結果をそのまま採用しても特に問題はないはずであるが，その差の割合が2%以上になる場合は再計算したほうがよいといえる.

また，前項において，ダクト両端のフレア加工，またはホーン形状加工によって実効長が短くなるため，機械的長さを計算値より20%ほど長くする必要があるということを述べたが，実際の場合，加工の度合いによって変化するため，どの程度長くするかは加工の度合いに応じて臨機応変に調整しなければならない. この設計例において実際に製作したダクトの断面図を第4-11-6図に示す. 図からわかるように，内側端は小さくフレア加工し，外側端はやや大きくフレア加工したことから，ダクトの機械的長さを計算値より約10%ほど長くして30cmとした. その結果，設計通りのチューニング周波数になったことから，ダクト両端加工によって実効長が2cmあまり短くなったことがわかる. 曲げダクトを採用した理由は，前項で述べた通り，裏板からの反射による打ち消しを防ぐためである.

以上によって位相反転型エンクロージャ設計法の全容が明確になった. 次章では，本章において説明に用いた例も含め，具体的な設計製作例を示して行く.

第 5 章

設計例

前章までにおいて密閉型および位相反転型エンクロージャを設計するために必要なことがすべてわかったわけだが，そこで本章では上記 5 種類の低音域用スピーカユニットを例に，それぞれのユニットに適合したエンクロージャ設計の手順を具体的に説明して行く．

なお，設計例 3 で用いたスピーカユニット以外はすべて製造終了品であり，入手は困難であるが，読者手持ちのウーファやサブウーファ，またはフルレンジと呼ばれるスピーカユニットで，必要な規格（f_0，m_0，S_u）がわかれば最適設計が可能であることはいうまでもなく，有効活用していただきたい．

設計例 1

5-1

169 リットル・エンクロージャ＋
フォステクス W300A

まず最初に，本機に用いるスピーカユニット，フォステクス W300A は A グループに属する口径 30cm の低域用（ウーファ）であり，本書執筆時点での型番は W300AⅡとなっている．これは取り付けビス穴が 4 穴から 8 穴に改良されたためであり，その他の規格に変更はない．筆者が所有する 2 つのユニットは 4 穴であるが，残念ながら 2019 年に製造終了品となってしまった．発表されている規格は次の通りである．

$$f_0 = 25 \ [\text{Hz}] \qquad m_0 = 0.0927 \ [\text{kg}]$$
$$Q_0 = 0.28 \qquad a = 0.131 \ [\text{m}]$$

ここで用いるスピーカユニットは製造年からはもちろんのこと，最終実測からも相当の年月が経過しており，経年変化が考えられるので，再測定してみることにする．

まず実効振動面積 S_u は変わりようがないので，

$$S_u = 0.131^2 \times \pi \fallingdotseq 0.0539 \ [\text{m}^2]$$

である．次にボイスコイルの直流抵抗 R_{DC} を測定した結果，2 つのユニットとも，

$$R_{\text{DC}} = 6.9 \ [\Omega]$$

となった．前回測定した結果は 6.95 Ω であった

が，これは測定誤差であり，変化はないと考えてよいであろう．そして 25Hz, 2.83V の信号を30 分間慣らし通電した後，自由空間におけるインピーダンス特性を測定した結果から次の値を得た．ただし，括弧内の数値は前回の測定値である．

A ユニット

$$f_0 = 21.5 \,(29.8) \ [\text{Hz}], \qquad Q_0 = 0.275 \,(0.3612)$$

B ユニット

$$f_0 = 22.2 \,(29.8) \ [\text{Hz}], \qquad Q_0 = 0.263 \,(0.3228)$$

前回，慣らし通電は 4 時間行ったが，結果を比べると，慣らし通電時間を短くしたにもかかわらず f_0, Q_0 がともに小さくなっており，これは永久磁石の磁力の減衰，すなわち減磁が原因と考えられる．また経年によりエッジとダンパーが変質したためとも考えられるが，今回用いる 2 つのユニットについては変質の様子は全く見られないことから，やはり減磁が原因といえる．

しかし，この場合の減磁の程度は小さく，特に問題はないことが後にわかったことを前もって述べておく．

続いて m_0 の測定であるが，前回は重り方式での測定により 0.0834kg という結果を得ている．今回は**第 5-1-1 図**に示す，**TT170** と名付けたエ

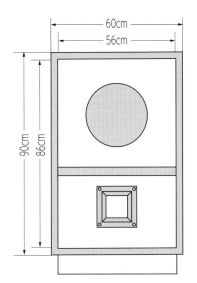

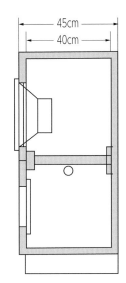

第 5-1-1 図　TT170 型エンクロージャ（$V_r = 169$ リットル）

写真 5-1-1　TT170 型エンクロージャの内部構造

ンクロージャがすでに用意してあり，これを吸音材を一切張らない密閉型としてスピーカユニットを取り付け，そのときの最低共振周波数 f_{0c} から計算する方法，すなわちエンクロージャ方式によって m_0 を求める．ただし，この図には前後左右に渡した補強棒以外の補強材は省略して描いているので，実際の状況を**写真5-1-1**に示した．わかりにくいとは思うが参考にしていただきたい．

　さて f_{0c} を測定する前にこのエンクロージャの実効内容積Vrを求める．

TT170 エンクロージャ

　内寸（高さ×幅×奥行き）

$$0.86 \times 0.56 \times 0.4 = 0.19264 \, [\text{m}^3]$$

　補強材体積合計　　　　　$-0.022457 \, [\text{m}^3]$

　スピーカユニット体積　$-0.001183 \, [\text{m}^3]$

差し引き合計（実効内容積）

$$V_r = 0.169 \, [\text{m}^3]$$

　すなわち**TT170**の実効内容積 V_r は169リットルであり，これを吸音材を一切張らない密閉型

として，最低共振周波数 f_{0c} を測定した結果は次の通りである．

　　Aユニット… $f_{0c} = 34.6$ 〔Hz〕

　　Bユニット… $f_{0c} = 35.1$ 〔Hz〕

　これらの結果を(1-2-12)式に代入して m_0 を求める．

Aユニット

$$m_0 = \frac{3601.9 (S_u)^2}{V_r (f_0)^2 \left\{ \left(\dfrac{f_{0c}}{f_0} \right)^2 - 1 \right\}}$$

$$= \frac{3601.9 \times (0.0539)^2}{0.169 \times (21.5)^2 \times \left\{ \left(\dfrac{34.6}{21.5} \right)^2 - 1 \right\}}$$

$$\fallingdotseq 0.0843 \, [\text{kg}]$$

Bユニット

$$m_0 = \frac{3601.9 \times (0.0539)^2}{0.169 \times (22.2)^2 \times \left\{ \left(\dfrac{35.1}{22.2} \right)^2 - 1 \right\}}$$

$$\fallingdotseq 0.0838 \, [\text{kg}]$$

前回の測定結果と比較すると両ユニットとも測定誤差の範囲内であり，当然のことながらm_0に経年変化はない．

ここで念のため**TT170**エンクロージャがm_0を求めるためのものとして適合するものであるかどうか，すなわち（1-2-10）式による計算結果が0.8以上であり，かつ（1-2-11）式が成立するかを確かめておく．まず（1-2-10）式においては，

$$\eta = \frac{V_r S_b \times 10^{-1}}{(S_u)^2}$$

$$= \frac{0.169 \times 0.54 \times 10^{-1}}{(0.0539)^2}$$

$$= 3.1413$$

結果は0.8以上であり，問題はない．

次に（1-2-11）式については，

Aユニット $\cdots \left(\dfrac{34.6}{21.5}\right)^2 - 1 = 1.5899$

Bユニット $\cdots \left(\dfrac{35.1}{22.2}\right)^2 - 1 = 1.4998$

結果は，どちらの場合も0.5以上2未満であり，（1-2-11）式が成立し，m_0を求めるためのエンクロージャとして適合していることと，m_{0c}はm_0に等しいことが確かめられた．

使用スピーカユニットの規格がわかったならば，次はαの基準値（最適地）を求めるのだが，それにはまず**第2-2-1図**よりC_{0s}を読み取る．

$$C_{0s} = 0.435$$

これを下式に代入してα_sを求める．

$$\alpha_s = \frac{1}{(2\pi f_0)^2 m_0 C_{0s} \times 10^{-3}}$$

$$= \frac{1}{(2 \times 3.1416 \times 21.8)^2 \times 0.084 \times 0.435 \times 10^{-3}}$$

$$= 1.4587$$

α_sの値は1以上であるから**第2-2-1表**の右列が該当する．ゆえにαの適合範囲は次の通りとなる．

$\alpha_{\max}（理論値）= 2 \times 1.4587 = 2.9174$

$\alpha_s = 1.4587$

$\alpha_{\min} = 0.5 \times 1.4587 = 0.7293$

αの適合範囲がわかったところで，次はエンクロージャ容積の適合範囲を求める．この場合もα_sの値が1以上であるという条件から，エンクロージャ容積を求める計算式は（2-3-5）式から（2-3-7）式までが該当し，次の通りとなる．

$$V_s = 142.2(S_u)^2 C_{0s}$$

$$= 142.2 \times (0.0539)2 \times 0.435 \fallingdotseq 0.1797$$

$$V_{\min} = \frac{\alpha_s V_s}{\alpha_{\max}} = \frac{1.4587 \times 0.1797}{2.9174} \fallingdotseq 0.0899 \, (\mathrm{m}^3)$$

$$V_{\max} = \frac{\alpha_s V_s}{\alpha_{\min}} = \frac{1.4587 \times 0.1797}{0.7293} \fallingdotseq 0.3594 \, (\mathrm{m}^3)$$

すなわちW300Aに適合するエンクロージャ容積は約90リットルから359リットルまでであり，最適値は約180リットルということになる．用意した**TT170**エンクロージャの実効内容積は169リットルであるから，最適値に近いものである．

次に，この**TT170**エンクロージャに吸音材を

写真 5-1-2　TT170 型エンクロージャ
内部に吸音材を張る

写真 5-1-3　ダクトをふさいで密閉型とし
た TT170 型エンクロージャ

張って密閉型とし，再び最低共振周波数 f_{0c} を
測定する．吸音材張付後の状態を**写真5-1-2**に示
したが，簡単に述べると厚さ10cmで，密度は
比較的低いグラスウールをバッフル板内面を除
く5面に対して，紙ワッシャーを通した釘で固
定する．**写真5-1-3**は密閉型としたものである．

　さて，この測定はAユニットに対しては**TT
170A**エンクロージャを，Bユニットに対しては
TT170Bエンクロージャを用いて行った．その
結果は次の通りである．

　Aシステム… $f_{0c} = 34.1$ 〔Hz〕
　Bシステム… $f_{0c} = 34.6$ 〔Hz〕

　この結果を（2-3-12）式に代入し，スピーカユ
ニットから見た見かけ上の実効内容積 V_{ra} を求
める．

A システム

$$V_{ra} = \frac{3601.9(S_u)^2}{(f_0)^2 m_{0c} \left\{ \left(\frac{f_{0c}}{f_0} \right)^2 - 1 \right\}}$$

$$= \frac{3601.9 \times (0.0539)^2}{(21.5)^2 \times 0.0842 \times \left\{ \left(\frac{34.1}{21.5} \right)^2 - 1 \right\}}$$

$$\fallingdotseq 0.1778 \, [\mathrm{m}^3]$$

B システム

$$V_{ra} = \frac{3601.9 \times (0.0539)^2}{(22.2)^2 \times 0.0838 \times \left\{ \left(\frac{34.6}{22.2} \right)^2 - 1 \right\}}$$

$$\fallingdotseq 0.1769 \, [\mathrm{m}^3]$$

　結果を見ると若干差があるが，測定誤差の範
囲である．そして補強の仕方と補強材の体積お
よび吸音材の量と張り方は同一であり，したが
って相加平均したものを V_{ra} とする．

$$V_{ra} = (0.1778 + 0.1769) \div 2 \fallingdotseq 0.1774 \, [\mathrm{m}^3]$$

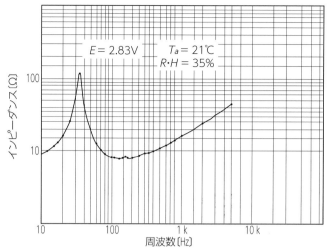

第5-1-2図　密閉型にした TT170 型エンクロージャに取り付けた
W300A（A）のインピーダンス特性

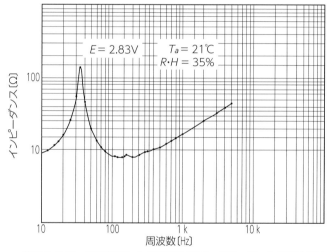

第5-1-3図　密閉型にした TT170 型エンクロージャに取り付けた
W300A（B）のインピーダンス特性

　TT170エンクロージャは，吸音材を張ったことによりスピーカユニットから見た見かけ上の実効内容積が177.4リットルとなり，V_rと比較すると，5％ほど増加していることがわかる．しかも標準値（最適値）に近い容積であり，スピーカユニットが持つ性能を充分発揮させることができるはずである．システムとしてのインピーダンス特性を**第5-1-2図**，**第5-1-3図**に，スピーカユニット中心軸上50cmでの出力音圧周波数特性を**第5-1-4図**，**第5-1-5図**に示す．密閉型システムとする場合は，これで完成である．

　ここまでに述べてきたことを設計手順の第一段階としてわかりやすくまとめると以下の通りである．

（1）使用スピーカユニットを決める．

　　手持ちのウーファやフルレンジユニットがあれば活用する．

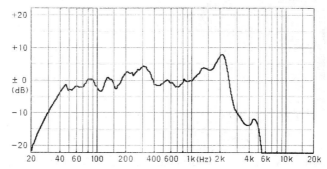

第 5-1-4 図　密閉型にした TT170 型エンクロージャーに取り付けた W300A（A）
（T_a = 21℃，$R・H$ = 35%，0dB=85dB$_{SPL}$（F））

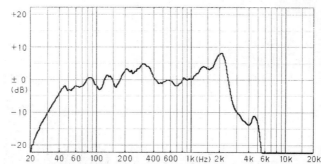

第 5-1-5 図　密閉型にした TT170 型エンクロージャーに取り付けた W300A（B）の出力音圧
周波数特性（軸上 50cm，T_a = 21℃，$R・H$ = 35%，0dB=85dB$_{SPL}$（F））

（2）必要な規格を求める．

使用スピーカユニットの最低共振周波数 f_0，振動系実効質量 m_0，実効振動面積 S_u を実測する．Q_0 は不明でもよい．

（3）コンプライアンスの基準値 C_{0s} を求める．

S_u の値に応じて**第2-2-1図**から C_{0s} の値を読み取る．

（4）α の基準値 α_s を求める．

（2-2-7）式に求めた値を代入して α_s を計算する．

（5）α の適合範囲を求める．

α_s の値に応じて**第2-2-1表**，または**第2-2-2表**から適合範囲を求める．

（6）エンクロージャ容積の適合範囲を求める．

α_s の値が1以上の場合は（2-3-5）式，（2-3-6）式，（2-3-7）式によって容積を求める．

α_s の値が1未満の場合は（2-3-8）式～（2-3-11）式によって容積を求める．

（7）エンクロージャを決める．

前項によって求めた適合範囲内においてエンクロージャを決めれば設計完了である．

f_0，m_0，Q_0 に関しては，2つのユニットの測定差が10%以内であれば，平均値，または平均値に近い代表値を採って計算しても特に問題はない．その測定差が10%を超える場合であっても，極端に差がある場合は別として，仕上がり特性に若干の違いが生ずるものの，実用上の支障はないはずである．

次に位相反転型とする場合の設計手順を述べて行く．まずαの実際値α_rから求めるのだが，それはV_{ra}を求める段階ですでに計算されており，改めて示すと次の通りである．

A システム

$$\alpha_r = \left(\frac{f_{0c}}{f_0}\right)^2 - 1 = \left(\frac{34.1}{21.5}\right)^2 - 1 \fallingdotseq 1.5155$$

B システム

$$\alpha_r = \left(\frac{34.6}{22.2}\right)^2 - 1 \fallingdotseq 1.4291$$

この2つの数値をみると，その差は10％以内であるから相加平均した値を実際に用いるα_rの値とする．

$$\alpha_r = (1.5155 + 1.4291) \div 2 = 1.4723$$

このα_rを，チューニング周波数の最適値と適合範囲を求める計算式に代入する．まず(3-3-1)式によって最適値f_{ts}を求める．

$$f_{ts} = f_0 \sqrt{\alpha_r} = 21.8 \times \sqrt{1.4723} \fallingdotseq 26.5 \ \text{[Hz]}$$

最高値f_{th}は **(3-3-5)式**によって求める．

$$f_{th} = f_0 \sqrt{\alpha_r + 1 - \frac{\alpha_{\min}}{\alpha_r + \alpha_{\min}}}$$

$$= 21.8 \times \sqrt{1.4723 + 1 - \frac{0.7293}{1.4723 + 0.7293}}$$

$$\fallingdotseq 31.9 \ \text{[Hz]}$$

最低値f_{tl}は (3-3-6)式によって求める．

$$f_{tl} = 0.7079 \, f_0 \sqrt{\alpha_r} = 0.7079 \times 21.8 \times \sqrt{1.4723}$$

$$\fallingdotseq 18.7 \ \text{[Hz]}$$

次にダクト開口面積の最適値と適合範囲を求めるのだが，振動板の等価半径aは0.131 mである．ゆえに，まず最適値S_{ds}は (4-3-11)式によって，最大値S_{dh}は (4-3-14)式によって，最小値S_{dl}は (4-3-15)式によってそれぞれ求める．

$$S_{ds} = \frac{f_{ts} \sqrt{V_{ra} a^3}}{23.679} = \frac{26.5 \times \sqrt{0.1774 \times (0.131)^3}}{23.679}$$

$$\fallingdotseq 0.0224 \ \text{[m}^2\text{]}$$

$$S_{dh} = \frac{f_{th} S_{ds}}{f_{ts}} = \frac{31.9 \times 0.0224}{26.5} \fallingdotseq 0.027 \ \text{[m}^2\text{]}$$

$$S_{dl} = \frac{f_{tl} S_{ds}}{f_{ts}} = \frac{18.7 \times 0.0224}{26.5} \fallingdotseq 0.0158 \ \text{[m}^2\text{]}$$

ここで縦2サイクル，横1サイクルの両対数グラフを用意し，次の3点を求め，直線で結ぶ．

$(f_{lt} \cdot S_{dl})$ …点Aとする．
$(f_{ts} \cdot S_{ds})$ …点Bとする．
$(f_{th} \cdot S_{dh})$ …点Cとする．

描いた直線を**第5-1-6図**に示す．この直線が**基準チューニング線**であり，ダクト開口面積の最大値を表す暫定線でもある．

次に，最適共鳴線と，最適共鳴と見なすことができる範囲を表す下限線と上限線を描くための数値を求める．それにはまず (4-5-21)式によってダクトから見た見かけ上のエンクロージャ実効内容積V_{rad}を求める必要があるのだが，しかしこの段階では，ダクトの開口面積と長さは未定であるため，求めることができない．そこでV_{rad}は，近似値になることがわかっている

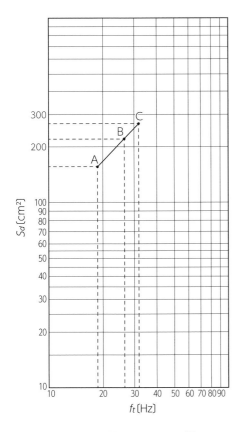

第 5-1-6 図　基準チューニング線

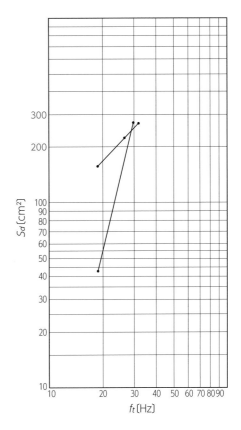

第 5-1-7 図　最適共鳴線

V_r に等しいものとして計算を進める.

$$V_{rad} \fallingdotseq V_r = 0.169 \; [\mathrm{m}^3]$$

　そして，先に求めたダクト開口面積の最大値 S_{dh} の等価半径 r は，

$$r = \sqrt{\frac{S_{dh}}{\pi}} = \sqrt{\frac{0.027}{3.1416}} \fallingdotseq 0.0927 \; [\mathrm{m}]$$

である．これらの数値を用いて最適共鳴線を描くための最初の点は（4-11-2）式を用いて求める．ただし，V_{rad} のところには，近似値になることがわかっている V_r を代入して計算する．ダクトの形状，寸法が確定するまでは，以下におけるすべての計算式においても同様であることに注

意されたい．

$$\begin{aligned}
f_{tah} &= \sqrt{\frac{2990.3 S_{dh}}{5.8552 r V_{rad}}} \\
&= \sqrt{\frac{2990.3 \times 0.027}{5.8552 \times 0.0927 \times 0.169}} \\
&\fallingdotseq 29.6 \; [\mathrm{Hz}]
\end{aligned}$$

　求められた点（$S_{dh} \cdot f_{tah}$）が直線を描くための最初の点である．次に（4-11-4）式を用いてもう一方の点を求める．

$$\begin{aligned}
S_{d\min} &= 1.2004 (V_{rad})^2 (f_u)^4 \times 10^{-6} \\
&= 1.2004 \times (0.169)^2 \times (18.7)^4 \times 10^{-6} \\
&\fallingdotseq 0.0043 \; [\mathrm{m}^2]
\end{aligned}$$

求められた点（$S_{dmin} \cdot f_{tl}$）と，最初に求めた点（$S_{dh} \cdot f_{tah}$）を直線で結ぶと，それが**最適共鳴線**であり，それを**第5-1-7図**に示す．

次に上限線を描くための2点を（4-11-5）式と（4-11-7）式によって求める．

$$f_{tah} = \sqrt{\frac{2990.3 S_{dh}}{4.3914 r V_{rad}}}$$

$$= \sqrt{\frac{2990.3 \times 0.027}{4.3914 \times 0.0927 \times 0.169}}$$

$$\fallingdotseq 34.3 \ \text{〔Hz〕}$$

$$S_{dmin} = 0.6865 (V_{rad})^2 (f_u)^4 \times 10^{-6}$$

$$= 0.6865 \times (0.169)^2 \times (18.7)^4 \times 10^{-6}$$

$$\fallingdotseq 0.0024 \ \text{〔m}^2\text{〕}$$

求められた2点，（$S_{dh} \cdot f_{tbh}$）と（$f_{tl} \cdot S_{dmin}$）とを直線で結ぶと上限線となる．

続いて下限線を描くための2点を（4-11-6）式と（4-11-8）式によって求める．

$$f_{tbl} = \sqrt{\frac{2990.3 S_{dh}}{7.319 r V_{rad}}}$$

$$= \sqrt{\frac{2990.3 \times 0.027}{7.319 \times 0.0927 \times 0.169}}$$

$$\fallingdotseq 26.5 \ \text{〔Hz〕}$$

$$S_{dmin} = 1.9069 (V_{rad})^2 (f_u)^4 \times 10^{-6}$$

$$= 1.9069 \times (0.169)^2 \times (18.7)^4 \times 10^{-6}$$

$$\fallingdotseq 0.0067 \ \text{〔m}^2\text{〕}$$

求められた2点，（$S_{dh} \cdot f_{tbl}$）と（$f_{tl} \cdot S_{dmin}$）とを直線で結ぶと下限線になる．

以上によって求めた最適共鳴線，上限線，下限線の3本の線を描いたものが**第5-1-8図**である．これによって最適共鳴といえる範囲が明確

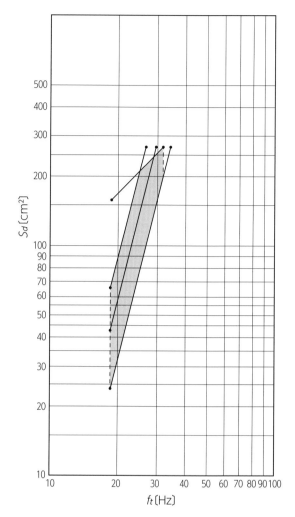

第5-1-8 図　最適共鳴といえる範囲

になったわけだが，この図を基にチューニング点の適合範囲を作図によって求める．その作図の方法は次の通りである．

まず下限線が，基準チューニング線上の点（$S_{ds} \cdot f_{ts}$）の左側を通っているので，基準チューニング線がダクト開口面積の最大値を表す線として確定する．次に下限線の下側の点（$f_{tl} \cdot S_{dmin}$）を通り，基準チューニング線と平行な線を f_{th} 線と交わるところまで描くと，それがダクト開口面積の最小値を表す直線となり，その直線は上限線と f_{ts} 線との交点を通るはずである．それを**第5-1-9図**に示す．すなわちダクト開

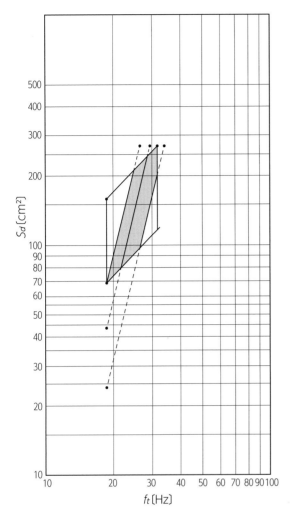

第 5-1-9 図　チューニング点のグッド範囲（平行四辺形）
とベター範囲（網掛け）

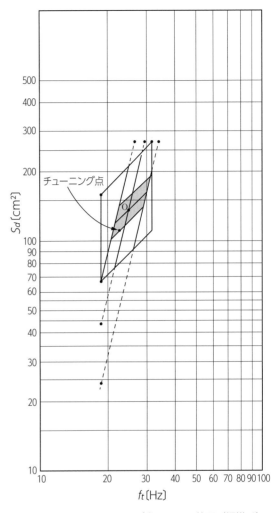

第 5-1-10 図　チューニング点のベスト範囲（網掛け）

口面積の最大値と最小値を表す線によってできた平行四辺形の中がチューニング点の**グッド範囲**であり，その中の下限線と上限線に挟まれた範囲が**ベター範囲**である．さらにこの図を基にベスト範囲を求めるには，まず最適共鳴線のグッド範囲内における機械的中心点を求め，その点をOとする．その点Oを通り，基準チューニング線と平行な線を下限線から上限線まで描き，それぞれの交点を最適共鳴線に向かって平行移動する．それによって求められた点，すなわち最適共鳴線上の点Oの上下に求められた2点の

それぞれを通り，基準チューニング線と平行な線を下限線から上限線まで描くと，その2本の線に囲まれた中がチューニング点の**ベスト範囲**となる．それを**第5-1-10図**に示す．

さて，設計の最後はダクトを具体的に決めることであり，第4章**4-11項**における説明と重複するが，手順は以下の通りである．

（1）**チューニング点を決める．**

この設計例の場合，チューニング周波数 f_t は低めにしたい．その場合，ダクト開口

面積S_dを大きく採るとダクトの機械的長
さが長くなりすぎてしまうと考えられる.
そこでf_tは22.5Hzとし,S_dは約112cm²に
する.ゆえにチューニング点は**第5-1-10図**
に矢印で示した点となる.

(2) ダクトの断面形状と全体形状を決める.

　本設計例では,作りやすさという観点か
ら正方形に近い長方形とする.また裏板か
らの反射による打ち消し対策として,曲げ
ダクトとする.

(3) ダクトの開口面積を逆算する.

　矩形ダクトの場合,**第4-2-2図**からK_sを,
第4-3-2図からK_aを,それぞれ読み取り,面
積を逆算する.ただしK_aの値は,吸音率が
小さいと推測して0.95とする.
$$S_d = 112 \div 0.96 \div 0.95 \fallingdotseq 122.8 \;(\mathrm{cm}^2)$$

**(4) 前項で求めたS_dの値に近くなるように,長
方形の長辺と短辺の比を決める.**

$$11.6 \times 10.6 = 122.96 \;(\mathrm{cm}^2)$$
実効的なS_dを改めて計算すると,
$$S_d = 122.96 \times 0.96 \times 0.95 \fallingdotseq 112.14 \;(\mathrm{cm}^2)$$

(5) 等価半径rを計算する.

$$r = \sqrt{\frac{112.14}{\pi}} \fallingdotseq 5.97 \;(\mathrm{cm})$$

(6) ダクトの機械的長さLを計算する.

　第4-2-3図からG_sを,**第4-5-1図**からG_a
を,それぞれ読み取る.ただしG_aの値は吸
音率が小さいと推測して0.72とする.
　チューニング点が最適共鳴線の左側であ
ることから,Lを求める計算式は**第4-6-1表**

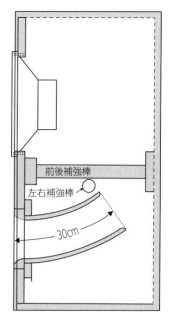

前後補強棒
左右補強棒
30cm

第5-1-11図　ダクト取り付け後の断面図

における上段の計算式が該当する.

$$L = \frac{29903 \times 112.14}{(22.5)^2 \times 169} - 2.9276 \times 5.97 \times 0.96 \times 0.72$$
$$= 39.19 - 12.09 \fallingdotseq 27.1$$

（注）上式はV_rの単位をリットルとした後,10の累
乗を相殺した計算式であり,答えの単位はcm
になることに注意されたい.

　ダクト両端のフレア加工等による短縮を
考慮して機械的長さは計算値より10%ほど
長くして30cmとする.

**(7) ダクトから見たエンクロージャ実効内容積
V_{rad}を求める.**

　ダクトの形状と機械的長さが確定したわ
けだが,念のため(4-5-21)式によってダク
トから見たエンクロージャ実効内容積
V_{rad}を求め,問題がないかどうか確認する
必要がある.そこで,まずダクトの等価体
積V_dを計算した結果,約4.9リットルとな

写真 5-1-4　TT170 型エンクロージャの
ダクトを取りはずしたところ

写真 5-1-5　完成した TT170 型エンクロージャ

った．また V_{ra} は177.4リットルである．

$$V_{rad} = 0.169 + \frac{0.11214(0.1774 - 0.169)}{0.0539} - 0.0049$$

$$\fallingdotseq 0.1658 \; \text{〔cm〕}$$

（8）必要に応じて再計算する.

　V_r と V_{rad} との差の割合は約1.9％である．この割合が3％以下であれば，最初の計算結果をそのまま採用しても問題はないはずである．

　以上によって設計完了であり，製作に取りかかる．実際に製作したエンクロージャは**TT170**と名付けたもので，すでに**第5-1-1図**に示した．このエンクロージャは正面バッフル板が取り外すことができるようになっている既製品である．

　今回，使用するスピーカユニットに合わせ，バッフル板を二分割したものを新たに製作するとともに，吸音材も新しいものに張り替えた．そして補強材を大幅に追加したのだが，図に書き込んである補強材は主なものだけであり，詳細は，わかりにくいとは思うが**写真5-1-1**を参照していただきたい．この図における断面図はダクトを取り付ける前のものであるが，ダクト取り付け後の断面図は**第5-1-11図**に示す．図からわかるように，ダクトは裏板からの反射による打ち消しを防ぐため曲げることにし，そして内側端は小さくフレア加工し，外側端はやや大きくフレア加工した．前述したように，ダクトの機械的長さは計算値より約10％ほど長くして30cmとした結果，チューニング周波数は設計通りになったことから，ダクト両端加工によって

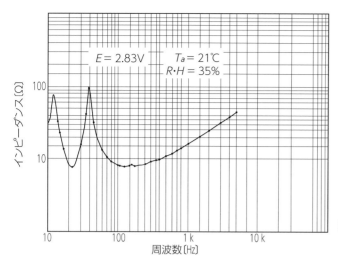

第5-1-12図　W300A(A)のインピーダンス特性

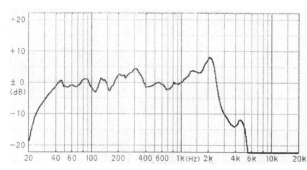

第5-1-13図　W300A(A)の出力音圧周波数特性
（軸上50cm，$T_a = 21$℃，$R \cdot H =$
35%，0dB=85dB$_{SPL}(F)$）

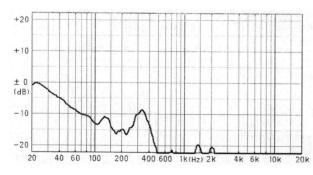

第5-1-14図　W300A(A)の出力音圧周波数特性
（ダクト外側端，$T_a = 21$℃，$R \cdot H =$
35%，0dB=85dB$_{SPL}(F)$）

実効長が2cmあまり短くなったことがわかる．
完成後の測定結果は次の通りである．

………………………………… 第5-1-13図
ダクト外側端出力音圧周波数特性

………………………………… 第5-1-14図

Aシステム

インピーダンス特性 …………… **第5-1-12図**
出力音圧周波数特性（中心軸上50cm）

Bシステム

インピーダンス特性…………… **第5-1-15図**
出力音圧周波数特性（中心軸上50cm）

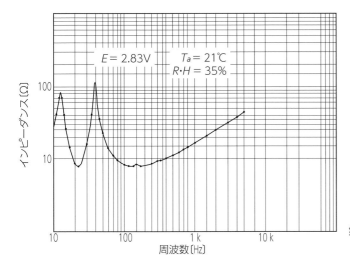

第 5-1-15 図　　W300A (B) のインピーダンス特性

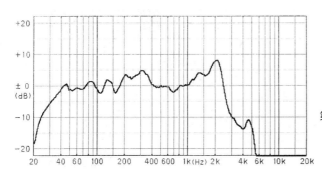

第 5-1-16 図　　W300A (B) の出力音圧周波数特性
（軸上 50cm，T_a = 21 ℃，$R・H$ =
35％，0dB=85dB$_{SPL}$(F)）

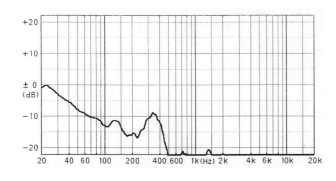

第 5-1-17 図　　W300A (B) の出力音圧周波数特性 (ダ
クト外側端，T_a = 21 ℃，$R・H$ =
35％，0dB=85dB$_{SPL}$(F)）

………………………………… 第5-1-16図
ダクト外側端出力音圧周波数特性
………………………………… 第5-1-17図

両システムともに，よくそろった設計通りの
結果が得られた．

最後に減磁（永久磁石の磁力減衰）について

触れておく．前述したように本設計例に用いた
スピーカユニットは減磁していると思われるの
だが，結論をいえば実用上全く問題はないとい
える．その根拠はインピーダンス特性である．公
称インピーダンスの実測値と，チューニング周
波数 f_t におけるインピーダンス値を比較した

結果は次の通りである.

Aシステム

公称インピーダンスの実測値………… 7.86 Ω

f_t におけるインピーダンス値 ……… 7.75 Ω

Bシステム

公称インピーダンスの実測値………… 8.1 Ω

f_t におけるインピーダンス値 ……… 7.86 Ω

両システムともに公称インピーダンスの実測値と f_t におけるインピーダンス値とが,ほぼ同値である.よく知られているように,f_t におけるインピーダンス値が下がりきらない主な原因は空気漏れであるが,減磁による制動力不足も原因となる.すなわち空気漏れがないにもかかわらず,f_t におけるインピーダンス値が下がりきらないような場合は,大きく減磁していると考えられるのだが,両システムともに f_t におけるインピーダンス値は下がりきっている.このことから減磁していたとしても実用上全く問題はないといえるわけである.

参考までに,この設計例1に示したものを,筆者のオーディオルームにおいて140Hz以下を受け持たせたサブウーファシステムとして使用した再生システムのリスニングポイントにおける音圧周波数特性を**第5-1-18図**に示す.

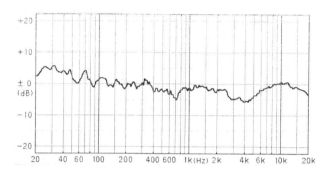

第5-1-18図 TT170型エンクロージャをサブウーファとして使用したシステムの出力音圧周波数特性（リスニングポイント）

5-2 設計例2
210 リットル・エンクロージャ＋ JBL 2226H

アメリカ製である JBL 2226H ウーファユニットも A グループに属する低域用で，口径は 38cm(15インチ) である．日本語で書かれた説明書には，抜粋された T・S パラメータが記載されており，その中から必要な規格をさらに抜粋して示すと，次の通りである．

$$f_s\,(f_0) = 40\;〔\text{Hz}〕 \quad M_{ms}\,(m_0) = 0.098\;〔\text{kg}〕$$
$$Q_{ts}\,(Q_0) = 0.31 \quad 2a = 0.335\;〔\text{m}〕$$

これらの規格から，まず実効振動面積 S_u を求める．

$$S_u = (0.335 \times 2)^2 \times \pi ≒ 0.0881\;〔\text{m}^2〕$$

そしてボイスコイルの直流抵抗 R_{DC} を測定した結果は下記の通りである．

A ユニット‥‥‥‥‥‥‥‥‥‥ 5.09 〔Ω〕
B ユニット‥‥‥‥‥‥‥‥‥‥ 5.18 〔Ω〕

前回の測定値は 5.4 Ω（B ユニット）であり，この差は測定したデジタルマルチメータが変わった（新調した）ことと，周囲温度等，測定環境の違いによるものと考えられる．当然のことながら上記の測定値を採用する．

次に f_0 と Q_0 の測定結果は，下記の通りである．

A ユニット：$f_0 = 42.5$ 〔Hz〕，$Q_0 = 0.379$
B ユニット：$f_0 = 39.5$ 〔Hz〕，$Q_0 = 0.355$

これらの測定値も前回の測定値と差があり，その原因は上記の場合と同じと考えられ，新しい測定値を採用する．

さて m_0 の測定であるが，前回は重り方式による測定で，114g という測定値であったが，今回はエンクロージャ方式で測定する．第5-2-1図に示したそのエンクロージャは既製品を改造し，JST200 と名付けたもので，スピーカユニットがエンクロージャ内部に占める体積を差し引いた実効内容積 V_r は 210 リットルである．

$$V_r = 210\;〔\text{リットル}〕$$

改造は，まず正面バッフル板を切り抜き，その上に二分割した新たなバッフル板を取り付け，補強材を大幅に追加するとともに吸音材も張り替えた．写真5-2-1 は改造前，写真5-2-2 は正面バッフル板を切り抜き，補強材を追加したもの，写真5-2-3 は吸音材を新たに張った後のものである．このエンクロージャを，吸音材を一切張らない密閉型として最低共振周波数 f_{0c} を測定した結果は次の通りである．

A ユニット‥‥‥‥‥‥‥‥‥ 54.5 〔Hz〕

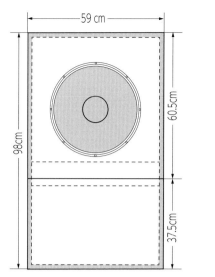
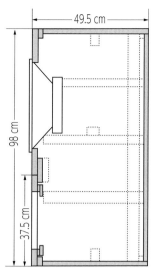

第 5-2-1 図　JST200 型エンクロージャ（$V_r = 210$ リットル, 密閉型として測定に使用）

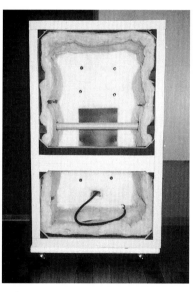

写真 5-2-1　改造前の既製品エンクロージャ

写真 5-2-2　正面バッフルを切り抜き, 補強材を入れたもの

写真 5-2-3　吸着材を貼り付け後

Bユニット……………………………52.2Hz

このエンクロージャが m_0 を測定するためのものとして適合しているかを確かめてみる. まず (1-2-10) 式においては,

$$\eta = \frac{V_r S_b \times 10^{-1}}{(S_u)^2} = \frac{0.21 \times 0.5782 \times 10^{-1}}{(0.0881)^2}$$

$$= 1.5644$$

となって, 0.8 以上であり, 問題はない.

次に (1-2-11) 式においては,

Aユニット　　$\left(\dfrac{54.5}{42.5}\right)^2 - 1 \fallingdotseq 0.6444$

Bユニット　　$\left(\dfrac{52.2}{39.5}\right)^2 - 1 \fallingdotseq 0.7464$

となって, 結果はどちらも 0.5 以上 2 未満であ

り，問題はないことが確かめられた．これらの測定値を(1-2-12)式に代入してm_0を計算した結果は下記の通りである．

A ユニット：$m_0 \fallingdotseq 0.1144$〔kg〕

B ユニット：$m_0 \fallingdotseq 0.1143$〔kg〕

前回の測定値と比較すると，その差はないに等しい．そこで比較的正確に測定できたと思われる前回の測定値を採用する．

$$m_0 = m_{0c} = 0.114 \text{〔kg〕}$$

次に**第 2-2-1 図**よりC_{0s}を読み取る．

$$C_{0s} = 0.283$$

これを下式に代入してα_sを求める．

A ユニット

$$\alpha_s = \frac{1}{(2\pi f_0)^2\, m_0\, C_{0s} \times 10^{-3}}$$

$$= \frac{1}{(2\pi \times 42.5)^2 \times 0.114 \times 0.283 \times 10^{-3}}$$

$$\fallingdotseq 0.4347$$

B ユニット

$$\alpha_s = \frac{1}{(2\pi \times 39.5)^2 \times 0.114 \times 0.283 \times 10^{-3}}$$

$$\fallingdotseq 0.5032$$

A ユニットの場合は0.5以下であるから**第2-2-1表**の左列が該当し，B ユニットの場合は0.5以上1以下であるから，同表の中列が該当する．

ゆえにαの適合範囲は下表の通りとなる．

	A ユニット	B ユニット
$\alpha_{\min}$	0.5	0.5
α_s	1	0.5032
$\alpha_{\max}$	5	5(2)

次にエンクロージャ容積の適合範囲を求める計算式はというと，A ユニットはα_sの計算値が0.5未満であることから，まず（2-3-10）式によって$V_s(= V_{as})$を求める．

A ユニットは次のように求められる。

$$V_{ra} = \frac{3601.9(S_u)^2}{(f_0)^2\, m_0\, (f_0)^2} = \frac{3601.9 \times (0.0881)^2}{0.114 \times (42.5)^2}$$

$$\fallingdotseq 0.1358 \text{〔m}^3\text{〕}$$

B ユニットはα_sの値が0.5以上であるから，(2-3-5)式によってV_sを求める．

$$V_s = 142.2(S_u)^2\, C_{0s}$$

$$= 142.2 \times (0.0881)^2 \times 0.283 \fallingdotseq 0.1358 \text{〔m}^3\text{〕}$$

そして$V_{\min}$は(2-3-6)式によって，$V_{\max}$は(2-3-7)式によってそれぞれ計算する．

A ユニット

$$V_{\min} = \frac{\alpha_s V_s}{\alpha_{\max}} = \frac{0.1358}{5} \fallingdotseq 0.0272 \text{〔m}^3\text{〕}$$

$$V_{\max} = \frac{\alpha_s V_s}{\alpha_{\min}} = \frac{0.1358}{0.5} \fallingdotseq 0.2716 \text{〔m}^3\text{〕}$$

Bユニット

$$V_{\min} = \frac{\alpha_s V_s}{\alpha_{\max}} = \frac{0.5032 \times 0.3123}{5} \fallingdotseq 0.0314 \; [\mathrm{m}^3]$$

$$V_{\max} = \frac{\alpha_s V_s}{\alpha_{\min}} = \frac{0.5032 \times 0.3123}{0.5} \fallingdotseq 0.3143 \; [\mathrm{m}^3]$$

ユニット間にf_0の差があるため，エンクロージャ容積の適合範囲にも差が出たが，用意したエンクロージャ**JST200**は実効内容積が210リットルであり，問題はない．このエンクロージャに吸音材として，まず密度の高いグラスウールを張り，その上に密度の低いグラスウールを重ねて張った．そして密閉型として最低共振周波数f_{0c}を測定した結果，下記の通りとなった．

Aシステム……………… $f_{0c} = 53.2 \; [\mathrm{Hz}]$
Bシステム……………… $f_{0c} = 50.9 \; [\mathrm{Hz}]$

これを（2-3-12）式に代入し，スピーカユニットから見た見かけ上の実効内容積V_{ra}を求める．
まずAシステムは，

$$V_{ra} = \frac{3601.9 (S_u)^2}{(f_0)^2 m_{0c} \left\{ \left(\dfrac{f_{0c}}{f_0} \right)^2 - 1 \right\}}$$

$$= \frac{3601.9 \times (0.0881)^2}{(42.5)^2 \times 0.114 \times \left\{ \left(\dfrac{53.2}{42.5} \right)^2 - 1 \right\}}$$

$$\fallingdotseq 0.2395 \; [\mathrm{m}^3]$$

Bシステムは，

$$V_{ra} = \frac{3601.9 \times (0.0881)^2}{(39.5)^2 \times 0.114 \times \left\{ \left(\dfrac{50.9}{39.5} \right)^2 - 1 \right\}}$$

$$\fallingdotseq 0.238 \; [\mathrm{m}^3]$$

結果の差は測定誤差の範囲であり，よって相加平均したものをV_{ra}とする．

$$V_{ra} = (0.2395 + 0.238) \div 2 \fallingdotseq 0.2388 \; [\mathrm{m}^3]$$

上述したように，この**JST200**エンクロージャには吸音材を多めに張ったことから，スピーカユニットから見た見かけ上の実効内容積は11%ほど増加していることがわかる．

密閉型システムとしてのインピーダンス特性およびスピーカユニット中心軸上50cmでの出力音圧周波数特性を，Aシステムについては**第5-2-2図**，**第5-2-3図**に，Bシステムについては**第5-2-4図**，**第5-2-5図**にそれぞれ示す．

次は位相反転型の場合であるが，両ユニット間のf_0に差があるため，α_rを別々に求める．そこで，まずA，B両システムにおけるV_{ra}の値が近いので，相加平均する．

$$V_{ra} = (0.2395 + 0.238) \div 2 \fallingdotseq 0.2388 \; [\mathrm{m}^3]$$

Aシステム

$$\alpha_r = \frac{3601.9 (S_u)^2}{V_{ra} m_{0c} (f_0)^2} = \frac{3601.9 \times (0.0881)^2}{0.2388 \times 0.114 \times (42.5)^2}$$

$$\fallingdotseq 0.5685 \; [\mathrm{m}^3]$$

Bシステム

$$\alpha_r = \frac{3601.9 \times (0.0881)^2}{0.2388 \times 0.114 \times (39.5)^2}$$

$$\fallingdotseq 0.6582 \; [\mathrm{m}^3]$$

チューニング周波数の最適値f_{ts}は，どちらも同じ32Hzとなり，その値から計算されるf_{tl}も

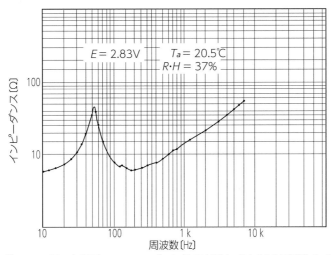

第 5-2-2 図　密閉型エンクロージャに取り付けた JBL 2226H(A)のインピーダンス特性

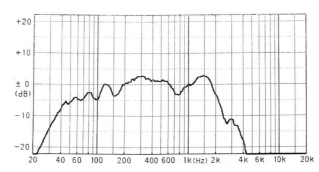

第 5-2-3 図　密閉型エンクロージャに取り付けた JBL 2226H(A)の出力音圧周波数特性
（軸上 50cm，$T_a = 20.5℃$，$R・H = 37\%$，0dB=85dB$_{SPL}$(F)）

同値の 22.7Hz になる.

$$f_{ts} = f_0 \sqrt{\alpha_r} = 42.5\sqrt{0.5685} = 39.5\sqrt{0.6582}$$

$$\fallingdotseq 26.5$$

$$f_{tl} = 32 \times 0.7079 \fallingdotseq 22.7 \ [\text{Hz}]$$

f_{th} については若干差が出るので，相加平均する.

$$f_{th} = f_0 \sqrt{\alpha_r + 1 - \frac{\alpha_{\min}}{\alpha_r + \alpha_{\min}}}$$

$$= 42.5 \sqrt{0.5685 + 1 - \frac{0.5}{0.5685 + 0.5}}$$

$$\fallingdotseq 44.6 \ [\text{Hz}]$$

$$f_{th} = 39.5 \sqrt{0.6582 + 1 - \frac{0.5}{0.6582 + 0.5}}$$

$$\fallingdotseq 43.7 \ [\text{Hz}]$$

次に，ダクト開口面積を求めるのだが，その前に実効振動半径 a を計算する.

$$a = \sqrt{\frac{S_u}{\pi}} = \sqrt{\frac{0.0881}{3.1416}} \fallingdotseq 0.1675 \ [\text{m}]$$

これを下式に代入してダクト開口面積の最適値 S_{ds} を求める.

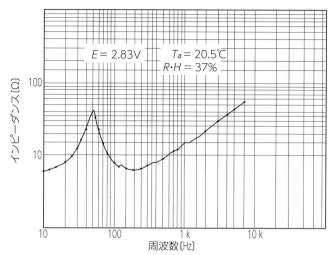

第5-2-4 図　密閉型エンクロージャに取り付けた JBL 2226H(B)のインピ
　　　　　ーダンス特性

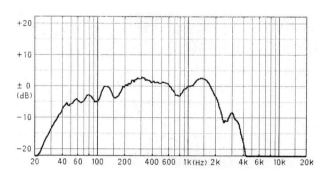

第5-2-5 図　密閉型エンクロージャに取り付けた JBL 2226H(B)（軸上
　　　　　50cm, T_a = 20.5℃, $R・H$ = 37%, 0dB=85dB$_{SPL}$(F)）

$$S_{ds} = \frac{f_{ts}\sqrt{V_{ra}a^3}}{23.679} = \frac{32\sqrt{0.2388\times(0.1675)^3}}{23.679}$$

$$\fallingdotseq 0.0453 \ [\mathrm{m^2}]$$

そして S_{dh} と S_{dl} は次の通りとなる.

$$S_{dh} = \frac{f_{th}S_{ds}}{f_{ts}} = \frac{44.2\times0.0453}{32} \fallingdotseq 0.0626 \ [\mathrm{m^2}]$$

$$S_{dl} = \frac{f_{tl}S_{ds}}{f_{ts}} = \frac{22.7\times0.0453}{32} \fallingdotseq 0.0321 \ [\mathrm{m^2}]$$

　次に最適共鳴線および上限線と下限線を描く
ための計算をする. そのためには, まず S_{dh} の
等価半径 r を計算する.

$$r = \sqrt{\frac{S_{dh}}{\pi}} = \sqrt{\frac{0.0626}{3.1416}} \fallingdotseq 0.1412 \ [\mathrm{m}]$$

　そして3本の直線を描くため, 最初の点を求
める計算をする. その計算は下式によって周波
数 f_{ta}, f_{tah}, f_{tal} を求めるのだが, V_{rad} が未
定であるので V_r を代入して計算する.

$$f_{ta} = \sqrt{\frac{2990.3S_{dh}}{5.8552rV_{rad}}}$$

$$= \sqrt{\frac{2990.3\times0.0626}{5.8552\times0.1412\times0.21}}$$

$$\fallingdotseq 32.8 \ [\mathrm{Hz}]$$

$$f_{tah} = \sqrt{\frac{2990.3 S_{dh}}{4.3914 r V_{rad}}}$$

$$= \sqrt{\frac{2990.3 \times 0.0626}{4.3914 \times 0.1412 \times 0.21}}$$

$$\fallingdotseq 37.9 \,[\mathrm{Hz}]$$

$$f_{tal} = \sqrt{\frac{2990.3 S_{dh}}{7.319 r V_{rad}}}$$

$$= \sqrt{\frac{2990.3 \times 0.0626}{7.319 \times 0.1412 \times 0.21}}$$

$$\fallingdotseq 29.4 \,[\mathrm{Hz}]$$

　求められた3点に対応するもう一方の点を求める計算をする．まず点（$f_{ta} \cdot S_{dh}$）に対応するもう一方の点を求める計算は次の通りである．ただし最後の乗数 10^{-6} を 10^{-2} にすることによって，答えの単位が cm^2 になることに注意されたい．

$$S_{d\min} = 1.2204 (V_{rad})^2 (f_{tl})^4 \times 10^{-2}$$

$$= 1.2204 \times (0.21)^2 \times (22.7)^4 \times 10^{-2}$$

$$\fallingdotseq 142.9 \,[\mathrm{m}^2]$$

　点（$f_{tah} \cdot S_{dh}$）に対応する点を求める計算は次の通りである．

$$S_{d\min} = 0.6865 (V_{rad})^2 (ftl)^4 \times 10^{-2}$$

$$= 0.6865 \times (0.21)^2 \times (22.7)^4 \times 10^{-2}$$

$$\fallingdotseq 80.4 \,[\mathrm{m}^2]$$

　そして点（$f_{tal} \cdot S_{dh}$）に対応する点を求める計算は次の通りである．

$$S_{d\min} = 1.9069 (V_{rad})^2 (f_{tl})^4 \times 10^{-2}$$

$$= 1.9069 \times (0.21)^2 \times (22.7)^4 \times 10^{-2}$$

$$\fallingdotseq 223.3 \,[\mathrm{m}^2]$$

　以上の計算結果に基づいて，両対数グラフに作図して行く．まず基準チューニング線として下記3点を直線で結ぶ．

　　点（44.2Hz・626cm²）

　　点（32Hz・453cm²）

　　点（22.7Hz・321cm²）

　次に最適共鳴線として，下記2点を直線で結ぶ．

　　点（32.8Hz・626cm²）

　　点（22.7Hz・142.9cm²）

　上限線は下記2点を直線で結ぶ．

　　点（37.9Hz・626cm²）

　　点（22.7Hz・80.4cm²）

　そして下限線は下記2点を直線で結ぶ．

　　点（29.4Hz・626cm²）

　　点（22.7Hz・223.3cm²）

　続いて，点（22.7Hz・223.3cm²）を通り，基準チューニング線と平行な線を，f_{th} 線と交わるところまで引く．この直線と基準チューニング線とによってできた平行四辺形の中がチューニング点の**グッド範囲**となり，さらにその中の上限線と下限線に囲まれた範囲が**ベター範囲**となる．それを**第5-2-6図**に示す．そしてこの図を

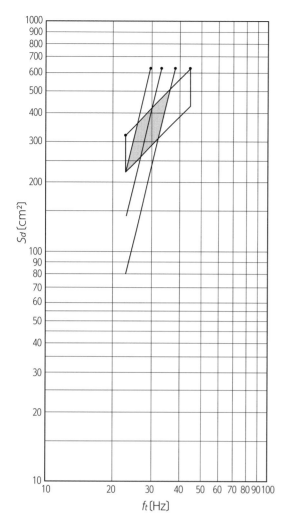

第5-2-6 図　チューニング点のグッド範囲（平行四辺形）
　　　　　とベター範囲（網掛け）

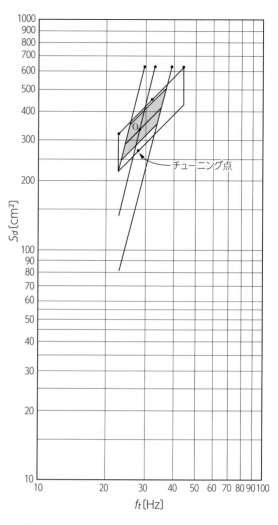

第5-2-7 図　チューニング点のベスト範囲（網掛け）

基にしてベスト範囲を求めるには，まずグッド範囲内における最適共鳴線の機械的中心点を求める．その点をOとすると，点Oを通り，基準チューニング線と平行な線を下限線から上限線まで引き，下限線との交点および上限線との交点を最適共鳴線に向かって平行移動する．それによって点Oの上下に2つの点が求められる．その2つの点それぞれを通り，基準チューニング線と平行な線を下限線から上限線まで引くと，その2本の線に囲まれた中がチューニング点の**ベスト範囲**となる．それを**第5-2-7図**に示す．

設計の最終段階はダクトを具体的に決めることであり，その手順は次の通りである．

（1）チューニング点を決める．

　第5-2-7図を見て重要なことに気づかなければならない．それは実効振動面積 S_u に対するダクト開口面積 S_d の割合が大きいということであり，このことは機械的長さが長くなることを意味する．そこでエンクロージャ奥行き内寸を考慮して，チューニング周波数 f_t は27.5Hzとし，S_d は適合範

囲の下端に近い270cm²とする. チューニング点は**第5-2-7図**に矢印で示した.

(2) ダクトの断面形状および全体形状を決める.

この場合は正方形の曲げダクトとする.

(3) ダクトの開口面積を逆算する.

第4-2-2図からK_sを, **第4-3-2図**からK_aを, それぞれ読み取り, 面積を逆算する. K_aの値は吸音率を推測して0.92とする.

$$S_d = 270 \div 0.96 \div 0.92 \fallingdotseq 305.7 \ \text{〔cm}^2\text{〕}$$

(4) 正方形の辺の長さを計算する.

前項で求めた305.7の平方根は約17.5cmとなるが, 用意したエンクロージャの補強材との関係で17.4cmとする. 実効面積は,

$$S_d = (17.4)^2 \times 0.96 \times 0.92 \fallingdotseq 267.4 \ \text{〔cm}^2\text{〕}$$

(5) 等価半径 r を計算する.

$$r = \sqrt{\frac{267.4}{\pi}} \fallingdotseq 9.2 \ \text{〔cm〕}$$

(6) ダクトの機械的長さ L を計算する.

第4-2-3図からG_sを, **第4-5-1図**からG_aを, それぞれ読み取るのだが, G_sは0.96とし, G_aの値は吸音率を推測して0.78とする. そしてまず**第4-6-1表**におけるL_eの条件を確認する.

$$5.8552rG = 5.8552 \times 9.2 \times 0.96 \times 0.78$$
$$\fallingdotseq 40.3 \ \text{〔cm〕}$$

となる. 一方L_eは,

$$L_e = \frac{29903 \times 267.4}{(27.5)^2 \times 210} \fallingdotseq 50.3 \ \text{〔cm〕}$$

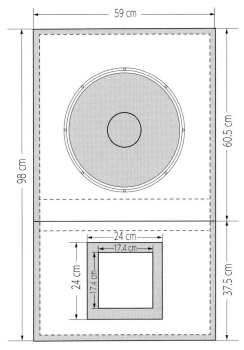

第5-2-8図 (a) ダクトを設けた JST200 型エンクロージャの寸法図（正面）

であることから, **第4-6-1表**における上段の計算式が該当する.

$$L = \frac{29903 \times 267.4}{(27.5)^2 \times 210} - 2.9276 \times 9.2 \times 0.96 \times 0.78$$
$$\fallingdotseq 50.3 - 20.2 = 30.1 \ \text{〔cm〕}$$

（注）本項における計算式は10の累乗を相殺して, 答えの単位がcmになるようにしたことに注意されたい.

実際のダクト長は, 両端のフレア加工による短縮を見越して計算値より長くするのだが, この設計例の場合, f_tが低くなることは好都合なので, 可能な限り長くしたい. 結果的に L は36.5cmとした.

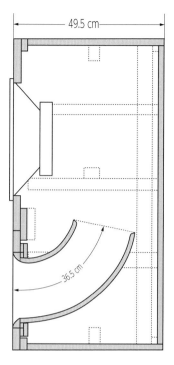

第 5-2-8 図 (b)　ダクトを設けた JST200 型
エンクロージャ寸法図（側面）

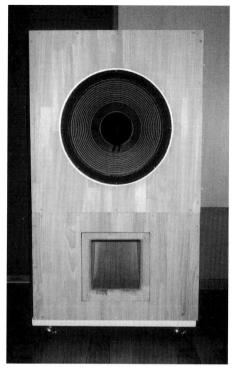

写真 5-2-4　完成した JST200 型エンクロージャ

（7）ダクトから見たエンクロージャ実効内容積 V_{rad} を求める．

まずダクトの等価体積 V_d を求めるのだが，用いる板材の厚さ等を考慮すると，次の通りとなる．

$$V_d = 0.2 \times 0.2 \times 0.365 \fallingdotseq 0.0146 \; [\text{m}^3]$$

そして（4-5-21）式を用いて計算すると，

$$V_{rad} = 0.21 + \frac{0.02674(0.2388 - 0.21)}{0.0881} - 0.0146$$

$$\fallingdotseq 0.2041 \; [\text{cm}]$$

（8）必要に応じて再計算する．

V_r と V_{rad} との差の割合は約2.8％であり，やや大きい．しかし3％以下であることから再計算の必要はないはずである．

以上によって設計完了であり，用いたエンクロージャ **JST200** については，すでに**第5-2-1図**に示した通りである．そしてダクト取り付け後を示したものが**第5-2-8図**である．

ダクトの機械的長さを計算値より20％以上も長くしたにもかかわらず，チューニング周波数 f_t は設計通り27.5Hzになった原因は，フレア加工による短縮だけではなく，ダクト内側端が裏板に近く，見なし長さが短くなってしまったためと考えられる．

このことから，新たにエンクロージャを製作するのであれば，奥行き内寸をもう少し長くすべきであろう．

完成後の状態を**写真5-2-4**に示すとともに，測定結果は次の通りである．

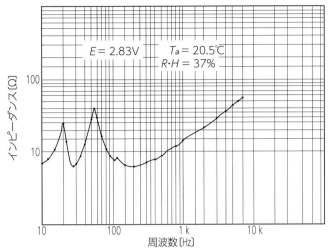

第 5-2-10 図　JST200 型エンクロージャに取り付けた JBL 2226H(A)のインピーダンス特性

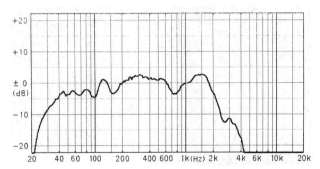

第 5-2-11 図　JST200 型エンクロージャに取り付けた JBL 2226H(A)の出力音圧周波数特性（軸上 50cm，T_a = 20.5℃，$R \cdot H$ = 37%，0dB=85dB$_{SPL}$(F)）

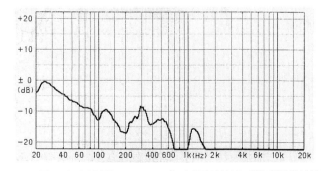

第 5-2-12 図　JST200 型エンクロージャに取り付けた JBL 2226H(A)の出力音圧周波数特性（ダクト外側端，T_a = 20.5℃，$R \cdot H$ = 37%，0dB=85dB$_{SPL}$(F)）

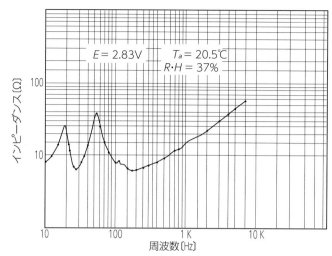

第 5-2-13 図　JST200 型エンクロージャに取り付けた JBL 2226H（B）
のインピーダンス特性

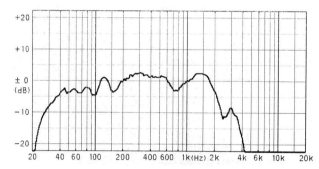

第 5-2-14 図　JST200 型エンクロージャに取り付けた JBL 2226H（B）の
出力音圧周波数特性（軸上 50cm，T_a = 20.5℃，$R \cdot H$ =
37%，0dB=85dB$_{SPL}$（F））

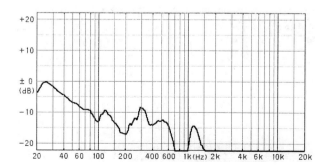

第 5-2-15 図　JST200 型エンクロージャに取り付けた JBL 2226H（B）の
出力音圧周波数特性（ダクト外側端，T_a = 20.5℃，$R \cdot H$ =
37%，0dB=85dB$_{SPL}$（F））

Aシステム

インピーダンス特性…………　**第5-2-10図**

出力音圧周波数特性（スピーカユニット中心

軸上50cm）………………　**第5-2-11図**

ダクト外側端出力音圧周波数特性

………………………………　**第5-2-12図**

Bシステム

インピーダンス特性…………　**第5-2-13図**

出力音圧周波数特性（スピーカユニット中心

軸上50cm）………………　**第5-2-14図**

ダクト外側端出力音圧周波数特性

………………………………　**第5-2-15図**

　参考までに，この設計例2に示したものを，筆者のオーディオルームにおいて140Hz以下を受け持たせたサブウーファシステムとして使用した再生システムのリスニングポイントにおける音圧周波数特性を**第5-2-16図**に示す．

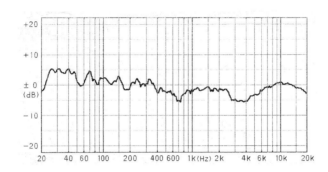

第5-2-16図　JST200型エンクロージャをサブウーファとして使用した
システムの出力音圧周波数特性（リスニングポイント）

設計例 3

46.2 リットル・エンクロージャ＋パイオニア TS-W252PRS

パイオニアのカロッツェリア TS-W252PRS はカーオーディオ用サブウーファの現行品（2020年1月現在）であり，Aグループに属し，口径は25cm(10インチ)である．取扱説明書に記載されたT・Sパラメータから必要な規格を示すと次の通りである．

$f_s\,(f_0) = 29$ 〔Hz〕 $M_{ms}\,(m_0) = 160$ 〔g〕

$Q_{ts}\,(Q_0) = 0.28$ $S_d\,(S_u) = 0.034$〔m^2〕

f_0とQ_0の実測値は次の通りである．

Aユニット：$f_0 = 29.2$ 〔Hz〕，$Q_0 = 0.282$
Bユニット：$f_0 = 29.1$ 〔Hz〕，$Q_0 = 0.283$

メーカ発表値との差は測定誤差と考えられる．そこでf_0は両ユニットとも29Hzとする．

$$f_0 = 29 \text{ 〔Hz〕}$$

m_0の測定は，この設計例においてもエンクロージャ方式で行う．用意したエンクロージャは**VT50**と名付けたもので，概略図として**第5-3-1図**に示した．実際の補強のようすを**写真5-3-1**，吸音材の様子を**写真5-3-2**に示すので参照していただきたい．スピーカユニットがエンクロージャ内部に占める体積を差し引いた実効内容積V_rは46.2リットルである．

$$V_r = 0.0462 \text{ 〔}\mathrm{m}^3\text{〕}$$

このエンクロージャがm_0を測定するためのものとして適合していること，すなわち (1-2-10) 式による計算結果が0.8以上であり，かつ（1-2-11)式が成立することは確認済みである．そして吸音材を一切張らない密閉型として最低共振周波数f_{0c}を測定した結果は次の通りである．

Aユニット：37.6〔Hz〕
Bユニット：37.5〔Hz〕

この結果を(1-2-12)式に代入してm_0を計算すると，

Aユニット：160.6〔g〕
Bユニット：161.1〔g〕

となった．メーカ発表値との差はわずかであり，測定誤差と考えられる．そこでm_0に関してもメーカ発表値の信頼性が高いと判断して両ユニットとも160gとする．

$$m_0 = m_{0c} = 0.16 \text{ 〔kg〕}$$

次に**第2-2-1図**よりC_{0s}を読み取る．

$$C_{0s} = 0.65$$

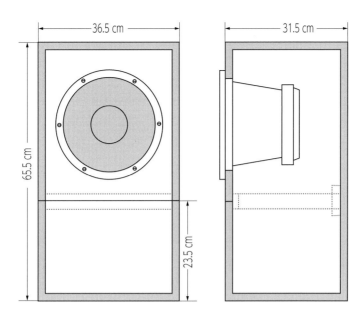

第 5-3-1 図　VT50 型エンクロージャ（V_r = 46.2 リットル,
密閉型として測定に使用）

写真 5-3-1　VT50型エンクロージャ内部

写真 5-3-2　内部の吸音材の状態

そして f_0, m_0, C_{0s} を下式に代入して α_s を
求める.

$$\alpha_s = \frac{1}{(2\pi f_0)^2 \, m_0 \, C_{0s} \times 10^{-3}}$$

$$= \frac{1}{(2\pi \times 29)^2 \times 0.16 \times 0.65 \times 10^{-3}}$$

$$\fallingdotseq 0.2896$$

α_s の値は0.5未満であるから**第2-2-1表**の左列

が該当する. ゆえに α の適合範囲は,

$$\alpha_{\min} = 0.5$$
$$\alpha_s = 1$$
$$\alpha_{\max} = 5$$

となる. これに基づいてエンクロージャ実効内容

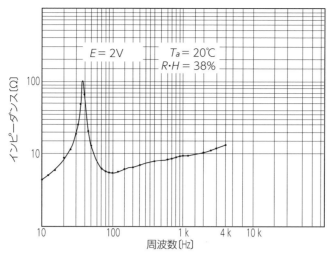

第5-3-2図　密閉型にした VT50 型エンクロージャに取り付けた TS-W252PRS
(A)のインピーダンス特性

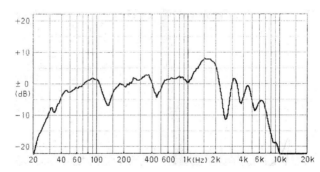

第5-3-3図　密閉型にした VT50 型エンクロージャに取り付けた TS-W252PRS（A）の出力音
圧周波数特性（軸上 50cm, T_a = 20℃, $R \cdot H$ = 38%, 0dB=85dB$_\text{SPL}$(F)）

積の適合範囲を求める. まず最適値 V_s (= V_{as})
は (2-3-10)式によって求める.

$$V_s = V_{as} = \frac{3601.9(S_u)^2}{m_0(f_0)^2} = \frac{3601.9 \times (0.034)^2}{0.16 \times (29)^2}$$

$$\fallingdotseq 0.0309$$

そして $V_{\min}$ は (2-3-6)式によって, $V_{\max}$ は
(2-3-7)式によってそれぞれ計算する.

$$V_{\min} = \frac{\alpha_s V_s}{\alpha_{\max}} = \frac{0.0309}{5} \fallingdotseq 0.0062 \,[\text{m}^3]$$

$$V_{\max} = \frac{\alpha_s V_s}{\alpha_{\min}} = \frac{0.0309}{0.5} \fallingdotseq 0.0618 \,[\text{m}^3]$$

用意したエンクロージャ **VT50** の実効内容積
は46.2リットルであり, 問題はない. このエン
クロージャに吸音材として, 密度が低い, 厚さ
5cmのグラスウールを張り, 密閉型として最低
共振周波数 f_{0c} を測定した結果, 下記の値を得
た.

Aユニット……………………… 29.2〔Hz〕
Bユニット……………………… 29.1〔Hz〕

吸音材がない場合と同値である. このことは

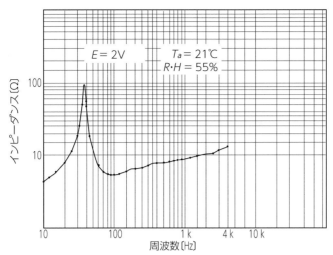

第 5-3-4 図　密閉型にした VT50 型エンクロージャに取り付けた TS-W252PRS（B）のインピーダンス特性

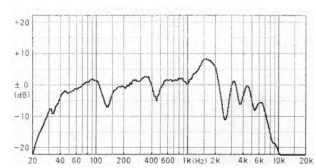

第 5-3-5 図　密閉型にした VT50 型エンクロージャに取り付けた TS-W252PRS（B）の出力音圧周波数特性（軸上 50cm，T_a = 20℃，$R \cdot H$ = 38％，0dB＝85dB$_{SPL}$（F））

スピーカユニットから見たエンクロージャ実効内容積V_{ra}はV_rに等しいことを意味するとともに，低音領域では吸音効果が全くないことをも意味する．しかし中，高音領域においては吸音効果があるはずであり，このまま進めることにする．

$$V_r = 0.0462 \ \text{[m}^3\text{]}$$

密閉型システムとしての測定結果は次の通りである．

Aシステム

インピーダンス特性……………　**第5-3-2図**

出力音圧周波数特性（スピーカユニット中心軸上 50cm）……………………　**第5-3-3図**

Bシステム

インピーダンス特性……………　**第5-3-4図**

出力音圧周波数特性（スピーカユニット中心軸上 50cm）……………………　**第5-3-5図**

次は位相反転型の場合である．まずm_{0c}については，この場合もm_0に等しいと見なすことができるはずである．ゆえにαの実際値α_rを改めて計算すると次の通りである．

$$\alpha_r = \frac{3601.9(S_u)^2}{V_{ra} m_{0c} (f_0)^2} = \frac{3601.9 \times (0.034)^2}{0.462 \times 0.16 \times (29)^2}$$

$$\fallingdotseq 0.6698 \ (\mathrm{m}^3)$$

チューニング周波数の最適値 f_{ts} と，最低値 f_{tl} は次の通りである．

$$f_{ts} = f_0 \sqrt{\alpha_r} = 29\sqrt{0.6698} \fallingdotseq 23.7 \ (\mathrm{Hz})$$
$$f_{tl} = 23.7 \times 0.7079 \fallingdotseq 16.8 \ (\mathrm{Hz})$$

チューニング周波数の最高値 f_{th} は，

$$f_{th} = f_0 \sqrt{\alpha_r + 1 - \frac{\alpha_{\min}}{\alpha_r + \alpha_{\min}}}$$

$$= 29\sqrt{0.6698 + 1 - \frac{0.5}{0.6698 + 0.5}}$$

$$\fallingdotseq 32.3 \ (\mathrm{Hz})$$

となる．これを基にダクト開口面積を求めるのだが，その前に実効振動半径 a を計算する．

$$a = \sqrt{\frac{S_u}{\pi}} = \sqrt{\frac{0.034}{\pi}} \fallingdotseq 0.104 \ (\mathrm{m})$$

これを下式に代入して，ダクト開口面積の最適値 S_{ds} を求める．

$$S_{ds} = \frac{f_{ts}\sqrt{V_{ra}a^3}}{23.679} = \frac{23.7\sqrt{0.0462 \times (0.104)^3}}{23.679}$$

$$\fallingdotseq 0.0072 \ (\mathrm{m}^2)$$

そして最高値 S_{dh} と最低値 S_{dl} は次の通りとなる．

$$S_{dh} = \frac{f_{th} S_{ds}}{f_{ts}} = \frac{32.3 \times 0.0072}{32} \fallingdotseq 0.0098 \ (\mathrm{m}^2)$$

$$S_{dl} = \frac{f_{tl} S_{ds}}{f_{ts}} = \frac{16.8 \times 0.0072}{23.7} \fallingdotseq 0.0051 \ (\mathrm{m}^2)$$

次に最適共鳴線および上限線と下限線を描くための計算をするのだが，そのためには，まず S_{dh} の等価半径 r を求める．

$$r = \sqrt{\frac{S_{dh}}{\pi}} = \sqrt{\frac{0.0098}{\pi}} \fallingdotseq 0.0559 \ (\mathrm{m})$$

そして上述した3本の直線を描くための最初の点として，下式によって周波数 f_{ta}, f_{tah}, f_{tal} をそれぞれ求める．ただし V_{rad} が未定なので V_r を代入して計算する．

$$f_{ta} = \sqrt{\frac{2990.3 S_{dh}}{5.8552 r V_{rad}}}$$

$$= \sqrt{\frac{2990.3 \times 0.0098}{5.8552 \times 0.0559 \times 0.0462}}$$

$$\fallingdotseq 44 \ (\mathrm{Hz})$$

$$f_{tah} = \sqrt{\frac{2990.3 S_{dh}}{4.3914 r V_{rad}}}$$

$$= \sqrt{\frac{2990.3 \times 0.0098}{4.3914 \times 0.0559 \times 0.0462}}$$

$$\fallingdotseq 50.8 \ (\mathrm{Hz})$$

$$f_{tal} = \sqrt{\frac{2990.3 S_{dh}}{7.319 r V_{rad}}}$$

$$= \sqrt{\frac{2990.3 \times 0.0098}{7.319 \times 0.0559 \times 0.0462}}$$

$$\fallingdotseq 39.4 \ (\mathrm{Hz})$$

上式によって求められた3点のうち，まず点 $(f_{ta} \cdot S_{dh})$ に対応するもう一方の点を求める計算は次の通りである．ただし最後の乗数を

10^{-2}にして，答えの単位がcm^2になるようにしたことに注意されたい．

$$S_{d\mathrm{min}} = 1.2204(V_{rad})^2 (f_{tl})^4 \times 10^{-2}$$
$$= 1.2204 \times (0.0462)^2 \times (16.8)^4 \times 10^{-2}$$
$$\fallingdotseq 2.06 \,[\mathrm{m}^2]$$

次に点($f_{tah}\cdot S_{dh}$)に対応する，もう一方の点を求める．

$$S_{d\mathrm{min}} = 0.6865(V_{rad})^2 (ftl)^4 \times 10^{-2}$$
$$= 0.6865 \times (0.0462)^2 \times (16.8)^4 \times 10^{-2}$$
$$\fallingdotseq 1.17 \,[\mathrm{m}^2]$$

そして点($f_{tal}\cdot S_{dh}$)に対応する点を求める計算は次の通りである．

$$S_{d\mathrm{min}} = 1.9069(V_{rad})^2 (f_{tl})^4 \times 10^{-2}$$
$$= 1.9069 \times (00.0462)^2 \times (16.8)^4 \times 10^{-2}$$
$$\fallingdotseq 3.24 \,[\mathrm{m}^2]$$

以上の計算結果を両対数グラフに描いて行く．まず基準チューニング線として下記3点を直線で結ぶ．

点($32.3\mathrm{Hz}\cdot98\mathrm{cm}^2$)
点($23.7\mathrm{Hz}\cdot72\mathrm{cm}^2$)
点($16.8\mathrm{Hz}\cdot51\mathrm{cm}^2$)

次に最適共鳴線として下記2点を直線で結ぶ．

点($44\mathrm{Hz}\cdot98\mathrm{cm}^2$)
点($16.8\mathrm{Hz}\cdot2.06\mathrm{cm}^2$)

上限線は下記2点を直線で結ぶ．

点($50.8\mathrm{Hz}\cdot98\mathrm{cm}^2$)
点($16.8\mathrm{Hz}\cdot1.17\mathrm{cm}^2$)

そして下限線は下記2点を直線で結ぶ．

点($39.4\mathrm{Hz}\cdot98\mathrm{cm}^2$)
点($16.8\mathrm{Hz}\cdot3.24\mathrm{cm}^2$)

さて，ここまでに描いたグラフを見て，ダクト開口面積を小さくしなければならないであろうということに気づく必要がある．前章**4-11項**で述べた通り，最小限度の目安は実効振動面積S_uの2%であり，この設計例の場合，最小限度は，

$$340 \times 0.02 = 6.8 \,[\mathrm{cm}^2]$$

となる．すなわちダクト開口面積の最小値は$6.8\mathrm{cm}^2$になるようにグラフを描いて行かなくてはならないということである．そこで点($16.8\mathrm{Hz}\cdot6.8\mathrm{cm}^2$)を通り，基準チューニング線と平行な線を$f_{th}$線と交わるところまで引くと，その直線がダクト開口面積の最小値を表す線となる．

そして下限線とf_{ts}線との交点を通り，基準チューニング線と平行な線をf_{tl}からf_{th}まで引くと，その直線がダクト開口面積の最大値を表す線となる．ちなみに下限線とf_{ts}線との交点は下記の通り，計算によって求めることもできる．

$$S_{d\mathrm{min}} = 1.9069(V_{rad})^2 (f_{ts})^4 \times 10^{-2}$$
$$= 1.9069 \times (0.0462)^2 \times (23.7)^4 \times 10^{-2}$$
$$\fallingdotseq 12.84 \,[\mathrm{cm}^2]$$

すなわち下限線とf_{ts}線との交点は点(23.7Hz

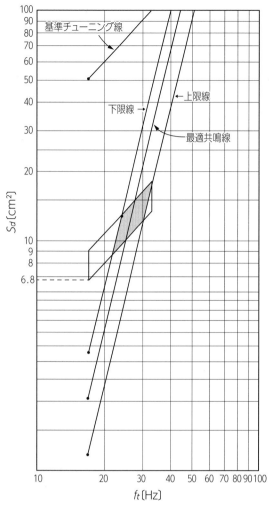

第 5-3-6 図　チューニング点のグッド範囲（平行四辺形）
と ベター範囲（網掛け）

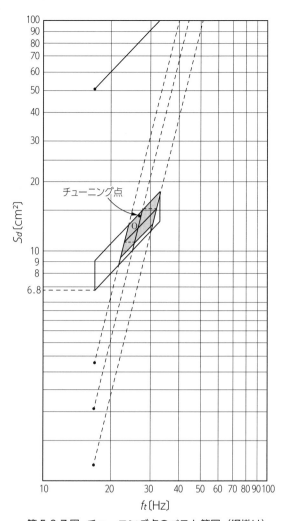

第 5-3-7 図　チューニング点のベスト範囲（網掛け）

・12.84cm^2）である．**第5-3-6図**に示したように
ダクト開口面積の最小値と最大値を表す線に囲
まれた平行四辺形の中がチューニング点の**グッ
ド範囲**であり，さらにその中の上限線と下限線
に囲まれた中が**ベター範囲**となる．

　続いてチューニング点のベスト範囲を求める
には，まずグッド範囲内における最適共鳴線の
機械的中心点を求める．その点をOとすると，点
Oを通り，基準チューニング線と平行な線を下
限線から上限線まで引く．そして下限線との交
点および上限線との交点を最適共鳴線に向かっ

て平行移動すると，それによって点Oの上下に
2つの点が求められる．その2つの点それぞれを
通り，基準チューニング線と平行な線を下限線
から上限線まで引くと，その2本の線に囲まれ
た中がチューニング点の**ベスト範囲**となる．そ
れを**第5-3-7図**に示す．この設計例3の場合も，
設計例2と同様に，ベター範囲とベスト範囲が
ほぼ同じになることがわかる．

　設計の最後としてダクトを具体的に決めて行
くのだが，その手順はどのような設計でも基本
的に変わらない．

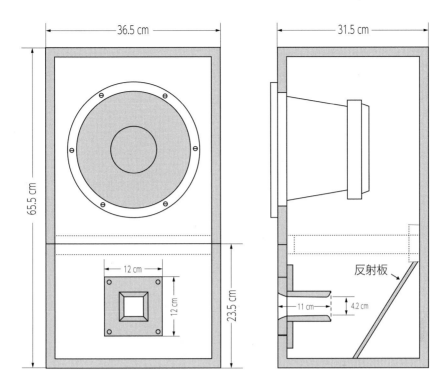

第5-3-8図　ダクトを設けた VT50型エンクロージャ寸法図

（1）チューニング点を決める.

　設計例2の場合とは対照的に，ダクト開口面積の適合範囲が小さい方に偏っている. そこでチューニング点は適合範囲の上のほうに採ることにして，チューニング周波数は27Hzとし，ダクト開口面積は14cm²とする. チューニング点は**第5-3-7図**に矢印で示した.

（2）ダクトの断面形状と全体形状を決める.

　この場合は面積が小さいので，正方形の直管とする. そして裏板からの反射による打ち消し対策として反射板を設ける.

（3）ダクト開口面積を逆算する.

　第4-2-2図から K_s を，**第4-3-2図**から K_a をそれぞれ読み取り，面積を逆算する. K_a の値

は吸音率を推測して0.85とする.

$$S_d = 14 \div 0.96 \div 0.85 \fallingdotseq 17.16 \ \text{[cm}^2\text{]}$$

（4）正方形の辺の長さを計算する.

　前項で求めた17.16の平方根は約4.14cmであるが，きりのよい数値として4.2cmとする. 実効面積は次の通りである.

$$S_d = 4.2 \times 4.2 \times 0.96 \times 0.85 \fallingdotseq 14.4 \ \text{[cm}^2\text{]}$$

（5）等価半径 r を計算する.

$$r = \sqrt{\frac{14.4}{\pi}} \fallingdotseq 2.14 \ \text{[cm]}$$

（6）ダクトの機械的長さを計算する.

　第4-2-3図から G_s を，**第4-5-1図**から G_a をそ

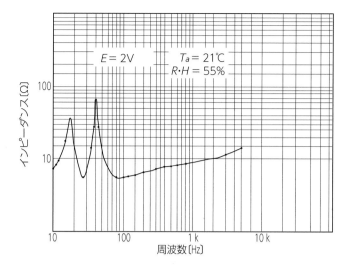

第 5-3-9 図　VT50 型エンクロージャに取り付けた
TS-W252PRS（A）のインピーダンス特性

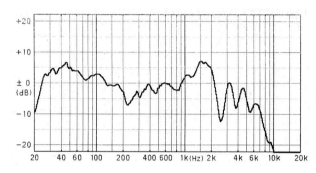

第 5-3-10 図　VT50 型エンクロージャに取り付けた
TS-W252PRS（A）の出力音圧周波数特
性（軸上 50cm，T_a = 21℃，$R \cdot H$ =
55%，0dB=80dB$_\text{SPL}$（F））

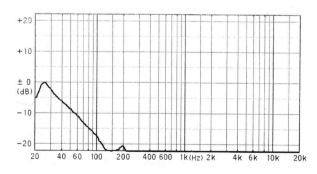

第 5-3-11 図　VT50 型エンクロージャに取り付けた
TS-W252PRS（A）の出力音圧周波数特
性（ダクト外側端，T_a = 21℃，$R \cdot H$ =
55%，0dB=80dB$_\text{SPL}$（F））

れぞれ読み取る．G_sは0.96，G_aは吸音率を推
測して0.89とする．まず下式によってL_eを求め
るのだが，単位に注意されたい．

$$L_e = \frac{29903 \times 14.4}{(27)^2 \times 46.2} \fallingdotseq 12.79 \; \text{〔cm〕}$$

一方，条件は，

$$5.8552 rG = 5.8552 \times 2.14 \times 0.96 \times 0.89$$

$$\fallingdotseq 10.71 \; \text{〔cm〕}$$

以上の結果から**第4-6-1表**における上段の計
算式が該当する．

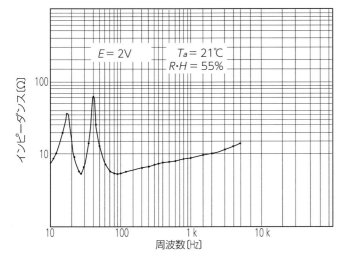

第 5-3-12 図　VT50 型エンクロージャに取り付けた
TS-W252PRS（B）のインピーダンス特
性

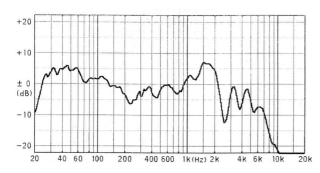

第 5-3-13 図　VT50 型エンクロージャに取り付けた
TS-W252PRS（B）の出力音圧周波数特
性（軸上 50cm，$T_a = 21$℃，$R・H =$
55%，0dB=80dB $SPL(F)$）

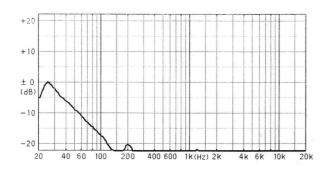

第 5-3-14 図　VT50 型エンクロージャに取り付けた
TS-W252PRS（B）の出力音圧周波数特
性（ダクト外側端，$T_a = 21$℃，$R・H =$
55%，0dB=80dB$_{SPL}(F)$）

$$L = 12.79 - 2.9276 \times 2.14 \times 0.96 \times 0.89$$

$$\fallingdotseq 7.44 \,〔cm〕$$

実際の機械的長さは，両端のフレア加工によ

る短縮を見越して計算値より長くするのだが，
この設計例の場合，3.5cm ほど短縮すると推測
して実際の L は 11cm とした.

　次の手順は V_{rad} を求め，再計算が必要かどう
かを確かめるのだが，この設計例の場合は V_r と

V_{ra}との差がなく，しかもエンクロージャ実効内容積に対するダクト体積の割合が小さいため，確認の必要はないと思われるので省略する.

以上によって設計完了であり，実際に製作したシステムの概略を**第5-3-8図**に示す．チューニング周波数は設計通り27Hzとなったのだが，ダクトの機械的長さの計算値と実際の長さとの差の割合は約50%増となった．これはフレア加工による短縮率に対して，計算値の絶対値が小さいからである.

完成後の測定結果は次の通りである.

Aシステム

インピーダンス特性……………… **第5-3-9図**

出力音圧周波数特性（スピーカユニット中心軸上50cm)………………… **第5-3-10図**

ダクト外側端出力音圧周波数特性

………………… **第5-3-11図**

Bシステム

インピーダンス特性………… **第5-3-12図**

出力音圧周波数特性（スピーカユニット中心軸上50cm)………………… **第5-3-13図**

ダクト外側端出力音圧周波数特性

………………… **第5-3-14図**

参考までに，この設計例3に示したものを，筆者のオーディオルームにおいて125Hz以下を受け持たせたサブウーファシステムとして使用した再生システムのリスニングポイントにおける音圧周波数特性を**第5-3-15図**に示す.

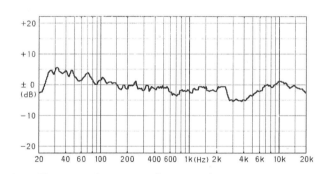

第5-3-15図 VT50型エンクロージャーをサブウーファとして使用したシステムの出力音圧周波数特性（リスニングポイント）

設計例 4

137 リットル・エンクロージャ＋
パイオニア TS-W3000C

パイオニアのカロッツェリア TS-W3000C は設計例 3 と同じく，カーオーディオ用サブウーファであり，A グループに属し，口径は 30cm（12 インチ）である．すでに製造終了品であるが，取扱説明書に記載された T・S パラメータから必要な規格を示すと，次の通りである．

$$f_s (f_0) = 20 \ \text{〔Hz〕} \qquad M_{ms} (m_0) = 186 \ \text{〔kg〕}$$
$$Q_{ts} (Q_0) = 0.29 \qquad S_d (S_u) = 0.0496 \ \text{〔m}^2\text{〕}$$

f_0 と Q_0 の実測値は次の通りである．

Aユニット：$f_0 = 15.6$ 〔Hz〕，$Q_0 = 0.238$
Bユニット：$f_0 = 15.7$ 〔Hz〕，$Q_0 = 0.232$

f_0，Q_0 ともに取扱説明書の記載値より小さくなっており，これは設計例 1 の場合と同様に減磁（永久磁石の磁力の減衰）が原因と考えられる．それでは減磁の原因はというと，このスピーカユニットの場合は長年の酷使であろう．しかし実用上の支障はないと思われるので，このまま設計を続けることにする．

続いて m_0 を測定するのだが，この場合もエンクロージャ方式で行う．ただし，用いるエンクロージャは設計例 1 で用いた **TT170** である．これはなぜかというと，スピーカユニット取り付け用の開口穴径が W300A と同一であり，ねじ穴も数は違うものの一致するからである．また m_0

を測定するエンクロージャとして適合していることも確認できた．

さらに，この設計例 4 のために用意したエンクロージャ **JT140** にはすでに吸音材が張られており，剥がす手間を省くためでもある．すなわち **TT170** エンクロージャに吸音材を張らずに W300A を取り付け，f_{0c} を測定した後，TS-W3000C を取り付け，f_{0c} を測定しておいたというわけである．この場合の実効内容積 V_r はスピーカユニット体積の違いから 168.5 リットルであり，結果は次の通りである．

$$V_r = 0.1685 \ \text{〔m}^3\text{〕}$$
Aユニット　$f_{0c} = 22.9$ 〔Hz〕
Bユニット　$f_{0c} = 23$ 〔Hz〕

これらの結果を (1-2-12) 式に代入して m_0 を計算すると次の通りとなる．

Aユニット　$m_0 \fallingdotseq 187.1$ 〔g〕
Bユニット　$m_0 \fallingdotseq 186.2$ 〔g〕

測定誤差と計算誤差を考慮すると，取扱説明書の記載値は信頼性が高いと考えられる．そこで m_0 の値は A，B ユニットとも記載値通り 186g とする．また，この設計例のために用意したエンクロージャ **JT140** についても m_0 を測定するためのものとして適合していることは確認済み

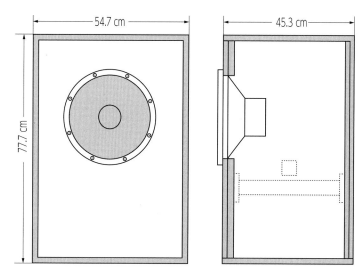

第5-4-1図　ダクトを設ける前のJT140型エンクロージャ（$V_r = 137$リットル）

であり，ゆえに，

$$m_0 = m_{0c} = 0.186 \, [\mathrm{kg}]$$

次に，**第2-2-1図**よりC_{0s}を読み取る．

$$C_{0s} = 0.47$$

これらの値を下式に代入してα_sを求める．

Aユニット

$$
\begin{aligned}
\alpha_s &= \frac{1}{(2\pi f_0)^2 \, m_0 \, C_{0s} \times 10^{-3}} \\
&= \frac{1}{(2\pi \times 15.6)^2 \times 0.186 \times 0.47 \times 10^{-3}} \\
&\fallingdotseq 1.1906
\end{aligned}
$$

Bユニット

$$
\begin{aligned}
\alpha_s &= \frac{1}{(2\pi \times 15.7)^2 \times 0.186 \times 0.47 \times 10^{-3}} \\
&\fallingdotseq 1.1755
\end{aligned}
$$

2つの値の差は小さいので，相加平均して代表値とする．

$$\alpha_s = (1.1906 + 1.1755) \div 2 \fallingdotseq 1.1831$$

α_sの値は1以上であるから**第2-2-1表**の右列が該当する．ゆえにαの適合範囲は次の通りとなる．

$$
\begin{aligned}
\alpha_{\max}(\text{理論値}) &= 2 \times 1.1831 = 2.3662 \\
\alpha_s &= 1.1831 \\
\alpha_{\min} &= 0.5 \times 1.1831 = 0.5916
\end{aligned}
$$

次はエンクロージャ容積の適合範囲を求める．この場合もα_sの値が1以上であるという条件から，容積を求める計算式は(2-3-5)式から(2-3-7)式までが該当し，次の通りとなる．

$$
\begin{aligned}
V_s &= 142.2(S_u)^2 \, C_{0s} \\
&= 142.2 \times (0.0496)^2 \times 0.47 \fallingdotseq 0.1644 \, [\mathrm{m}^3]
\end{aligned}
$$

$$V_{\min} = \frac{\alpha_s V_s}{\alpha_{\max}} = \frac{1.1831 \times 0.1644}{2.362} = 0.0822 \, [\mathrm{m}^3]$$

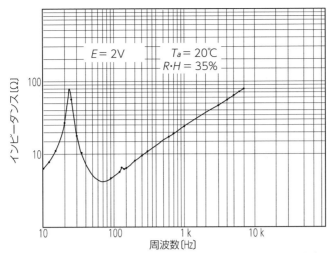

第 5-4-2 図　密閉型エンクロージャに取り付けた TS-W3000C（A）の
インピーダンス特性

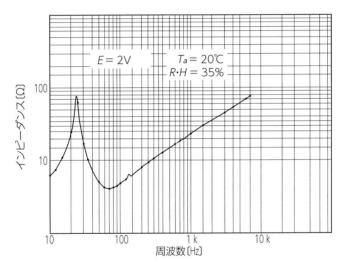

第 5-4-3 図　密閉型エンクロージャに取り付けた TS-W3000C（B）の
インピーダンス特性

$$V_{\max} = \frac{\alpha_s V_s}{\alpha_{\min}} = \frac{1.1831 \times 0.1644}{0.5916} \fallingdotseq 0.3288 \ [\mathrm{m}^3]$$

$$V_r = 0.137 \ [\mathrm{m}^3]$$

　すなわち TS-W3000C に適合するエンクロージャ容積の適合範囲は約82リットルから328リットルまでであり，最適値は約164リットルということになる．用意したエンクロージャは **JT140** と名付けたもので，概略図が**第5-4-1図**である．実効内容積 V_r は137リットルである．

　吸音材は厚さ10cmで，密度は中程度のものがすでに張ってあり，これを密閉型として最低共振周波数 f_{0c} を測定した結果は，次の通りである．

Aシステム　　$f_{0c} = 23.7 \ [\mathrm{Hz}]$

Bシステム　　$f_{0c} = 23.9 \ [\mathrm{Hz}]$

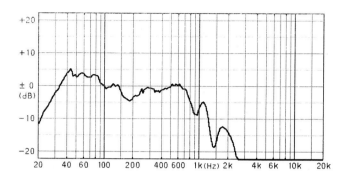

第 5-4-4 図　密閉型エンクロージャに取り付けた TS-W3000C（A）の出力音圧周波数特性
（軸上 50cm，$T_a = 20℃$，$R・H = 35\%$，0dB=85dB$_{SPL}$(F)）

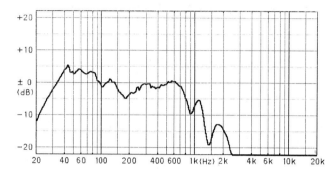

第 5-4-5 図　密閉型エンクロージャに取り付けた TS-W3000C（B）の出力音圧周波数特性
（軸上 50cm，$T_a = 20℃$，$R・H = 35\%$，0dB=85dB$_{SPL}$(F)）

この結果を（2-3-12）式に代入し，スピーカユニットから見た見かけ上の実効内容積V_{ra}を求める．

Aユニット

$$V_{ra} = \frac{3601.9(S_u)^2}{(f_0)^2 m_{0c}\left\{\left(\frac{f_{0c}}{f_0}\right)^2 - 1\right\}}$$

$$= \frac{3601.9 \times (0.0496)^2}{(15.6)^2 \times 0.186 \times \left\{\left(\frac{23.7}{15.6}\right)^2 - 1\right\}}$$

$$≒ 0.1497 \ [\mathrm{m^3}]$$

Bユニット

$$V_{ra} = \frac{3601.9 \times (0.0496)^2}{(15.7)^2 \times 0.1867 \times \left\{\left(\frac{23.9}{15.7}\right)^2 - 1\right\}}$$

$$≒ 0.1467 \ [\mathrm{m^3}]$$

差の割合は3%以内なので，相加平均したものをV_{ra}とする．

$$V_{ra} = (0.1497 + 0.1467) ÷ 2 = 0.1482 \ [\mathrm{m^3}]$$

JT140エンクロージャは，V_rに対してV_{ra}は8%ほど増加していることがわかる．

密閉型システムとしてのインピーダンス特性を**第5-4-2図**と**第5-4-3図**に示す．そしてスピーカユニット中心軸上50cmにおける出力音圧周波数特性を**第5-4-4図**と**第5-4-5図**にそれぞれ示す．

次に位相反転型の場合を計算して行く．まず$α$の実際値$α_r$は下記の通りとなる．

Aシステム

$$\alpha_r = \frac{3601.9(S_u)^2}{V_{ra}\,m_{0c}\,(f_0)^2} = \frac{3601.9 \times (0.0496)^2}{0.1482 \times 0.186 \times (15.6)^2}$$

$$\fallingdotseq 1.3209\ \text{[m}^3\text{]}$$

Bシステム

$$\alpha_r = \frac{3601.9 \times (0.0496)^2}{0.1482 \times 0.186 \times (15.7)^2} \fallingdotseq 1.3042\ \text{[m}^3\text{]}$$

2つの値の差は小さいので，f_0とともに相加平均してもよいのだが，チューニング周波数の適合範囲を求める計算では，別々に計算しても結果は同じである．すなわちチューニング周波数の最適値f_{ts}と，最低値f_{tl}は次の通りとなる．

$$f_{ts} = f_0 \sqrt{\alpha_r} = 15.6\sqrt{1.3209} = 15.7\sqrt{1.3042}$$

$$\fallingdotseq 17.9\ \text{[Hz]}$$

$$f_{tl} = 17.9 \times 0.7079 \fallingdotseq 12.7\ \text{[Hz]}$$

そしてf_{th}は，

$$f_{th} = f_0 \sqrt{\alpha_r + 1 - \frac{\alpha_{\min}}{\alpha_r + \alpha_{\min}}}$$

$$= 15.6\sqrt{1.3209 + 1 - \frac{0.5916}{1.3209 + 0.5916}}$$

$$= 15.7\sqrt{1.3042 + 1 - \frac{0.5916}{1.3042 + 0.5916}}$$

$$\fallingdotseq 22.1\ \text{[Hz]}$$

となる．次はダクト開口面積を求めるのだが，その前に実効振動半径aを計算する．

$$a = \sqrt{\frac{S_u}{\pi}} = \sqrt{\frac{0.0496}{\pi}} \fallingdotseq 12.57\ \text{[m]}$$

これを下式に代入して，ダクト開口面積の最適値S_{ds}を求める．

$$S_{ds} = \frac{f_{ts}\sqrt{V_{ra}a^3}}{23.679} = \frac{17.9\sqrt{0.1482 \times (0.1257)^3}}{23.679}$$

$$\fallingdotseq 0.0013\ \text{[m}^2\text{]}$$

そして最高値S_{dh}と最低値S_{dl}は次の通りとなる．

$$S_{dh} = \frac{f_{th}S_{ds}}{f_{ts}} = \frac{22.1 \times 0.0013}{17.9} \fallingdotseq 0.0161\ \text{[m}^2\text{]}$$

$$S_{dl} = \frac{f_{tl}S_{ds}}{f_{ts}} = \frac{12.7 \times 0.013}{17.9} \fallingdotseq 0.0092\ \text{[m}^2\text{]}$$

次にS_{dh}の等価半径 r を計算する．

$$r = \sqrt{\frac{S_{dh}}{\pi}} = \sqrt{\frac{0.0161}{\pi}} \fallingdotseq 7.16\ \text{[cm]}$$

これらの計算結果を基に最適共鳴線および上限線と下限線を描くための計算をする．まず最初の点は下式によって周波数f_{ta}，f_{tah}，f_{tal}をそれぞれ求めるのだが，V_{rad}が未定なのでV_rを代入して計算する．

$$f_{ta} = \sqrt{\frac{2990.3 S_{dh}}{5.8552\,r\,V_{rad}}}$$

$$= \sqrt{\frac{2990.3 \times 0.0161}{5.8552 \times 0.0716 \times 0.137}}$$

$$\fallingdotseq 29\ \text{[Hz]}$$

$$f_{tah} = \sqrt{\frac{2990.3 S_{dh}}{4.3914\,r\,V_{rad}}}$$

$$= \sqrt{\frac{2990.3 \times 0.0161}{4.3914 \times 0.0716 \times 0.137}}$$

$$\fallingdotseq 33.4\ \text{[Hz]}$$

$$f_{tal} = \sqrt{\frac{2990.3 S_{dh}}{7.319 r V_{rad}}}$$

$$= \sqrt{\frac{2990.3 \times 0.0161}{7.319 \times 0.0716 \times 0.137}}$$

$$\fallingdotseq 25.9 \,[\text{Hz}]$$

求められた 3 つの点に対応するもう一方の点は上から順番に，それぞれ次に示す計算式によって求める．

$$S_{dmin} = 1.2204 (V_{rad})^2 (f_{tl})^4 \times 10^{-2}$$

$$= 1.2204 \times (0.137)^2 \times (12.7)^4 \times 10^{-2}$$

$$\fallingdotseq 6 \,[\text{cm}^2]$$

$$S_{dmin} = 0.6865 (V_{rad})^2 (f_{tl})^4 \times 10^{-2}$$

$$= 0.6865 \times (0.137)^2 \times (12.7)^4 \times 10^{-2}$$

$$\fallingdotseq 3.6 \,[\text{cm}^2]$$

$$S_{dmin} = 1.9069 (V_{rad})^2 (f_{tl})^4 \times 10^{-2}$$

$$= 1.9069 \times (0.137)^2 \times (12.7)^4 \times 10^{-2}$$

$$\fallingdotseq 9.3 \,[\text{cm}^2]$$

以上の計算結果に基づいて両対数グラフに作図して行くのだが，ここで重要なことに気づくはずである．それは，S_{dmax} が 100cm^2 を超え，かつ S_{dmin} が 10cm^2 未満であることから，これまでに用いてきた縦 2 サイクルのグラフ用紙では，はみ出てしまうということである．しかし結論から言えば縦 2 サイクルの両対数グラフでも，かろうじて作図が可能である．それは設計例 3 の場合と同様に，ダクト開口面積を小さくしなければならないであろうことから，最小限度の目安である S_u の 2％を計算すると，

$$496 \times 0.02 \fallingdotseq 10 \,[\text{cm}^2]$$

となって，作図ができるであろうと思われる．ところが，求めた S_{dmin} は 10cm^2 未満であるため，最適共鳴線および上限線と下限線を描くことができない．そこで上記した S_{dmin} を求める計算式における f_{tl} を f_{ts} に置き換え，S_{dmid} を求めれば，その値は 10cm^2 以上になるであろうと思われる．

$$S_{dmid} = 1.2204 (V_{rad})^2 (f_{ts})^4 \times 10^{-2}$$

$$= 1.2204 \times (0.137)^2 \times (17.9)^4 \times 10^{-2}$$

$$\fallingdotseq 23.5 \,[\text{cm}^2]$$

$$S_{dmid} = 0.6865 (V_{rad})^2 (f_{ts})^4 \times 10^{-2}$$

$$= 0.6865 \times (0.137)^2 \times (17.9)^4 \times 10^{-2}$$

$$\fallingdotseq 13.2 \,[\text{cm}^2]$$

$$S_{dmid} = 1.9069 (V_{rad})^2 (f_{ts})^4 \times 10^{-2}$$

$$= 1.9069 \times (0.137)^2 \times (17.9)^4 \times 10^{-2}$$

$$\fallingdotseq 36.7 \,[\text{cm}^2]$$

以上の通り，すべて 10cm^2 以上になり，縦 2 サイクルの両対数グラフでも最適共鳴線および上限線と下限線を描けることがわかる．具体的な作図は次の通りである．まず基準チューニング線として下記 3 点を直線で結ぶ．

点（22.1Hz・161cm^2）
点（17.9Hz・130cm^2）
点（12.7Hz・92cm^2）

次に最適共鳴線として，下記 2 点を直線で結び，グラフの最下端まで延長する．

点（29Hz・161cm^2）
点（17.9Hz・23.5cm^2）

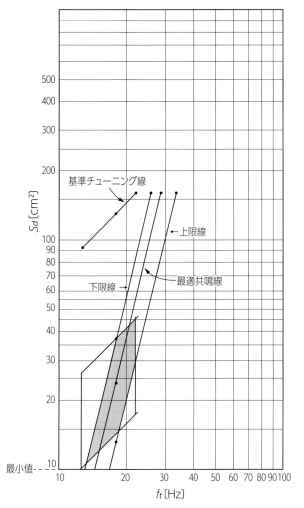

第5-4-6図　チューニング点のグッド範囲（平行四辺形）
　　　　　とベター範囲（網掛け）

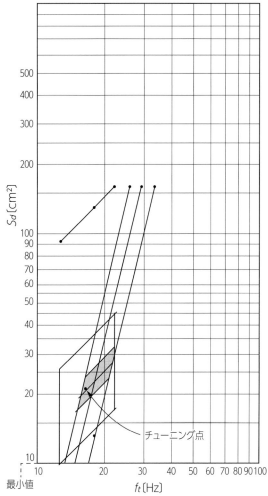

第5-4-7図　チューニング点のベスト範囲（網掛け）

上限線は下記2点を直線で結び，グラフの最
下端まで延長する．

点（33.4Hz・161cm²）
点（17.9Hz・13.2cm²）

そして下限線は下記2点を直線で結び，同様
にグラフの最下端まで延長する．

点（25.9Hz・161cm²）

点（17.9Hz・36.7cm²）

さらに，点（17.9Hz・36.7cm²）を通り，基準チ
ューニング線と平行な線を，f_{tl}線との交点から
f_{th}線との交点まで描くと，それがダクト開口
面積の最大値を表す線となる．そして前述した
ようにダクト開口面積の最小値を表す線は点
（12.7Hz・10cm²）を通り，基準チューニング線と
平行な線をf_{th}線との交点まで描くと，この最
大値と最小値を表す線に囲まれた平行四辺形の
中がチューニング点の**グッド範囲**となる．さら

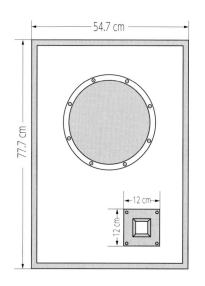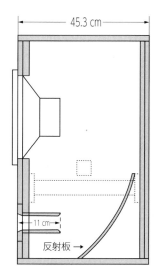

第5-4-8図　ダクトを設けた JT140 型エンクロージャの寸法図

にその中の上限線と下限線に囲まれた中がチューニング点の**ベター範囲**であり，それを**第5-4-6図**に示す．

　続いてチューニング点のベスト範囲を求めるには，まずグッド範囲内における最適共鳴線の機械的中心点を求める．その点をOとすると，点Oを通り，基準チューニング線と平行な線を下限線から上限線まで引く．そして下限線との交点および上限線との交点を最適共鳴線に向かって平行移動すると，それによって点Oの上下に2つの点が求められる．その2つの点それぞれを通り，基準チューニング線と平行な線を下限線から上限線まで引くと，その2本の線に囲まれた中がチューニング点の**ベスト範囲**となり，それを**第5-4-7図**に示す．

　最終段階となるダクトの設計手順は次の通りである．

（1）チューニング点を決める．
　チューニング周波数は，楽器が出せる最低

音である16.3Hzとする．開口面積は21cm^{2}とし，チューニング点は**第5-4-7図**に矢印で示した．

（2）ダクトの断面形状と全体形状を決める．
　この場合は，設計例3と同様に面積が小さいので，正方形の直管とする．そして裏板からの反射による打ち消し対策として反射板を設ける．

（3）ダクト開口面積を逆算する．
　第4-2-2図からK_sを，**第4-3-2図**からK_aをそれぞれ読み取り，面積を逆算する．K_aの値は吸音率を推測して0.96とする．
$$S_d = 21 \div 0.96 \div 0.96 \fallingdotseq 22.8 \ \mathrm{(cm^2)}$$

（4）正方形の辺の長さを計算する．
　前項で求めた22.8の平方根は約4.8cmであるので，そのまま採用する．実効面積は次の通りである．

$$S_d = 4.8 \times 4.8 \times 0.96 \times 0.96 \fallingdotseq 21.2 \ [\mathrm{cm}^2]$$

（5）等価半径 r を計算する.

$$r = \sqrt{\frac{21.2}{\pi}} \fallingdotseq 2.6 \ [\mathrm{cm}]$$

（6）ダクトの機械的長さを計算する.

　　第4-2-3図から G_s を, 第4-5-1図から G_a を それぞれ読み取る. G_s は0.96, G_a は吸音率 を推測して0.7とする. チューニング点が最適 共鳴線の左側に位置するので第4-6-1表の上 段の計算式が該当するはずである. 単位と位 取りに注意されたい.

$$L = \frac{29903 \times 21.2}{(16.3)^2 \times 137} - 2.9276 \times 2.6 \times 0.96 \times 0.7$$
$$\fallingdotseq 17.4 - 5.1 = 12.3 \ [\mathrm{cm}]$$

　　実際の機械的長さは両端のフレア加工によ る短縮を見越して計算値より長くするのだが, この設計例の場合は2cmほど短くなると推測 して14.3cmとした.

　　次の手順は V_{rad} を求め, 再計算が必要かど うかを確かめるのだが, この設計例の場合は V_r と V_{ra} との差が小さく, しかも V_r に対す るダクト体積の割合が小さいため, 確認の必 要はないと思われるので省略する.

　　以上によって設計完了であり, 実際に製作 したものの概略図は第5-4-8図である.
　　完成後の測定結果は次の通りである.

Aシステム

　　インピーダンス特性…………… **第5-4-9図**
　　出力音圧周波数特性（スピーカユニット中心 軸上50cm）…………… **第5-4-10図**
　　ダクト外側端出力音圧周波数特性
　　………………………………… **第5-4-11図**

Bシステム

　　インピーダンス特性………… **第5-4-12図**
　　出力音圧周波数特性（スピーカユニット中 心軸上50cm）…………… **第5-4-13図**
　　ダクト外側端出力音圧周波数特性
　　………………………………… **第5-4-14図**

　　インピーダンス特性からわかる通り, チュー ニング周波数は設計通り16.3Hzとなったのだ が, そのときのインピーダンスが下がりきって いない. 空気漏れがないことは確認済みであり, 原因は前述した通り減磁（永久磁石の磁力の減 衰）であり, そして減磁の原因は長年の酷使であ る. 用いたTS-W3000Cは, 本項で示したエンク ロージャとは別のエンクロージャと組み合わせ, ベースアンプ用スピーカシステムとして長年使 用してきたのだが, 減磁による再生音の力強さ （力感, または重量感）の低下が感じられるよう になってしまった. しかし通常の音楽再生のた めのサブウーファシステムとして新たに適切な 設計をすれば, まだまだ充分使用可能であると の考えに基づいたものが本設計例である.

　　実際にこれをサブウーファシステムとして 125Hz以下を受け持たせ, 筆者のオーディオル ームのリスニングポイントにて周波数特性を測 定した結果が**第5-4-15図**である.

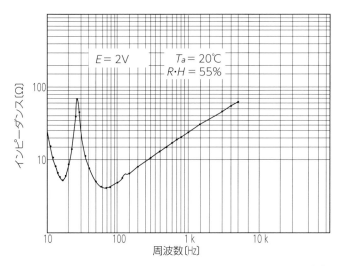

第 5-4-9 図　JT140 型エンクロージャに取り付けた TS-W3000C（A）のインピー
　　　　　　ダンス特性

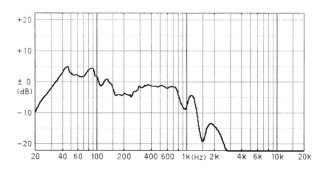

第 5-4-10 図　JT140 型エンクロージャに取り付けた TS-W3000C（A）の出力音圧周波数特性（軸
上 50cm，T_a = 20℃，$R \cdot H$ = 55%，0dB=80dB$_{SPL}$（F））

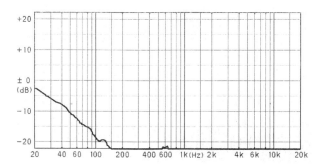

第 5-4-11 図　JT140 型エンクロージャに取り付けた TS-W3000C（A）の出力音圧周波数特性（ダ
クト外側端，T_a = 20℃，$R \cdot H$ = 55%，0dB=80dB$_{SPL}$（F））

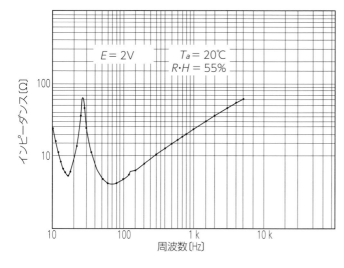

第 5-4-12 図　JT140 型エンクロージャに取り付けた TS-W3000C（B）のインピーダンス特性

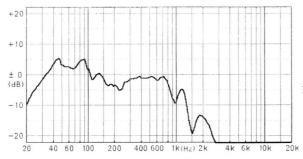

第 5-4-13 図　JT140 型エンクロージャに取り付けた TS-W3000C（B）の出力音圧周波数特性（軸上 50cm, T_a = 20℃, $R \cdot H$ = 55％, 0dB=80dB$_{SPL}$（F））

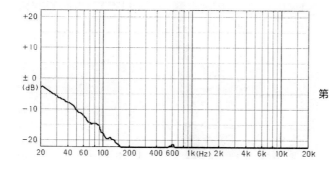

第 5-4-14 図　JT140 型エンクロージャに取り付けた TS-W3000C（B）の出力音圧周波数特性（ダクト外側端, T_a = 20℃, $R \cdot H$ = 55％, 0dB=80dB$_{SPL}$（F））

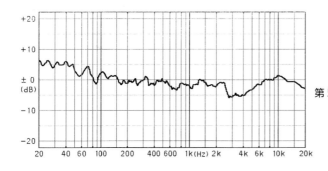

第 5-4-15 図　JT140 型エンクロージャをサブウーファとして使用したシステムの出力音圧周波数特性（システム組込み後のリスニングポイント）

5-5 設計例5

513リットル・エンクロージャ＋ JBL 2235H

JBL 2235Hは1996年に新品で購入したものであるが，取扱説明書は付属していなかった．しかし当時のカタログに記載されていた規格から主なものを抜粋すると次の通りである．

公称インピーダンス＝8〔Ω〕

$f_s (f_0) = 20$ 〔Hz〕

$M_{ms} (m_0) = 0.198$ 〔kg〕

$SPL = 93$ 〔dB/W/m〕

推奨エンクロージャ容積・85 〜 285 リットル

このユニットのエッジはウレタンロールエッジであり，劣化しやすい．本設計例で用いた2つのユニットとも，エッジの劣化が進んでいたので専門業者に張り替えてもらったことをお断わりしておく．

さて，実効振動面積がわからないので実測する．ウレタンロールエッジの中心から中心までの距離は33.7cmであり，ゆえに半径は16.85cmとなる．そして実効振動面積S_uは約892cm^{2}である．

$a = 0.1685$ 〔m〕

$S_u \fallingdotseq 0.0892$ 〔m^2〕

f_0とQ_0の実測結果は下記の通りである．

Aユニット：$f_0 = 17.8$ 〔Hz〕，$Q_0 = 0.262$

Bユニット：$f_0 = 17.7$ 〔Hz〕，$Q_0 = 0.223$

次にm_0の測定であるが，本設計例においても事前にTT500と名付けたエンクロージャが用意してあり，エンクロージャ方式で測定する．概略図を**第5-5-1図**に示したが，そのエンクロージャの実効内容積V_rは513リットルである．

$V_r = 0.513$ 〔m^3〕

ただし，上記の数値はスピーカユニットがエンクロージャ内

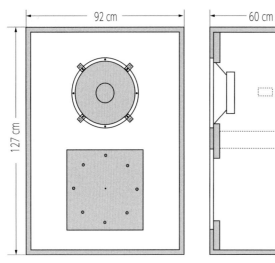

第5-5-1図　密閉型として測定に使用したTT500型エンクロージャ
（V_r = 513リットル）

部に占める体積を差し引いたものである．この
エンクロージャを吸音材を一切張らない密閉型
として，最低共振周波数 f_{0c} を測定した結果は
次の通りである．

$$\text{A ユニット} \cdot f_{0c} = 24.5 〔\text{Hz}〕$$
$$\text{B ユニット} \cdot f_{0c} = 24.4 〔\text{Hz}〕$$

ここで，用いたエンクロージャ **TT500** が m_0
を測定するためのものとして適合しているかど
うかを確かめる必要がある．まず (1-2-10) 式に
おいては，

$$\eta = \frac{V_r S_b \times 10^{-1}}{(S_u)^2} = \frac{0.513 \times 1.1684 \times 10^{-1}}{(0.0892)^2}$$

$$\fallingdotseq 7.5$$

となって，0.8 以上であり，問題はない．
次に (1-2-11) 式においては

$$\text{A ユニット} \qquad \left(\frac{24.5}{17.8}\right)^2 - 1 \fallingdotseq 0.8945$$

$$\text{B ユニット} \qquad \left(\frac{24.4}{17.7}\right)^2 - 1 \fallingdotseq 0.9003$$

となって，どちらも 0.5 以上 2 未満である．ゆ
えに m_0 を測定するエンクロージャとして適合
していることが確かめられた．
そして (1-2-12) 式に，求めた各値を代入して
m_0 を計算した結果は下記の通りである．

$$\text{A ユニット}\cdots\cdots\cdots m_0 = 0.1971 〔\text{kg}〕$$
$$\text{B ユニット}\cdots\cdots\cdots m_0 = 0.1981 〔\text{kg}〕$$

この結果を見ると，カタログ記載値の信頼性は高
いと推定されることから，振動系実効質量 m_0 は
198g とし，m_{0c} もそれに等しいものとする．

$$m_0 = m_{0c} = 0.198 〔\text{kg}〕$$

次に**第2-2-1図**より C_{0s} を読み取る．

$$C_{0s} = 0.28$$

これと，f_0 および m_{0c} を下式に代入して α_s を
求める．

A ユニット

$$\alpha_s = \frac{1}{(2\pi f_0)^2 m_0 C_{0s} \times 10^{-3}}$$

$$= \frac{1}{(2\pi \times 17.8)^2 \times 0.198 \times 0.28 \times 10^{-3}}$$

$$\fallingdotseq 1.442$$

B ユニット

$$\alpha_s = \frac{1}{(2\pi \times 17.7)^2 \times 0.198 \times 0.28 \times 10^{-3}}$$

$$\fallingdotseq 1.4584$$

求めた 2 つの値の差は小さいので，相加平均
する．

$$\alpha_s = (1.442 + 1.4584) \div 2 \fallingdotseq 1.4502$$

α_s の値は 1 以上であるから**第2-2-1表**の右列が
該当する．ゆえに α の適合範囲は次の通りとな
る．

$$\alpha_{\max}（理論値）= 2 \times 1.4502 = 2.9004$$
$$\alpha_s = 1.4502$$
$$\alpha_{\min} = 0.5 \times 1.4502 = 0.7251$$

次はエンクロージャ容積の適合範囲を求める．
この場合も α_s の値が 1 以上であるという条件か

ら，容積を求める計算式は (2-3-5) 式から (2-3-7) 式までが該当し，下記の通りとなる．

$$V_s = 142.2(S_u)^2 C_{0s}$$
$$= 142.2 \times (0.0892)^2 \times 0.28 \fallingdotseq 0.3168 \,\mathrm{[m^3]}$$

$$V_{\min} = \frac{\alpha_s V_s}{\alpha_{\max}} = \frac{1.4502 \times 0.3168}{2.9004} = 0.1584 \,\mathrm{[m^3]}$$

$$V_{\max} = \frac{\alpha_s V_s}{\alpha_{\min}} = \frac{1.4502 \times 0.3168}{0.7251} = 0.6336 \,\mathrm{[m^3]}$$

用意したエンクロージャ **TT500** の実効内容積 V_r は 513 リットルであり，適合範囲内となる．吸音材は厚さ 10cm で，密度は中程度のグラスウールを，バッフル板内面を除く 5 面に張り付け，密閉型として最低共振周波数 f_{0c} を測定した結果は次の通りである．

A システム……………… $f_{0c} = 23.7 \,\mathrm{[Hz]}$
B システム……………… $f_{0c} = 23.3 \,\mathrm{[Hz]}$

この結果を (2-3-12) 式に代入し，スピーカユニットから見た見かけ上の実効内容積 V_{ra} を求める．

A システム

$$V_{ra} = \frac{3601.9(S_u)^2}{(f_0)^2 m_{0c} \left\{ \left(\dfrac{f_{0c}}{f_0} \right)^2 - 1 \right\}}$$

$$= \frac{3601.9 \times (0.0892)^2}{(17.8)^2 \times 0.198 \times \left\{ \left(\dfrac{23.7}{17.8} \right)^2 - 1 \right\}}$$

$$\fallingdotseq 0.5911 \,\mathrm{[m^3]}$$

B システム

$$V_{ra} = \frac{3601.9 \times (0.0892)^2}{(17.7)^2 \times 0.198 \times \left\{ \left(\dfrac{23.3}{17.7} \right)^2 - 1 \right\}}$$

$$\fallingdotseq 0.6304 \,\mathrm{[m^3]}$$

結果を見ると，その差の割合は 10% 未満である．ゆえに相加平均したものを V_{ra} とする．

$$V_{ra} = (0.5911 + 0.6304) \div 2 \fallingdotseq 0.6126 \,\mathrm{[m^3]}$$

さて B システムの場合，V_r と V_{ra} を比較すると約 23% の増加であり，しかも最大値 $V_{\max}$ に近い．吸音材の量が特別多いというわけではないにもかかわらず，この大幅な増加の原因は，ユニットの製造年と f_0，Q_0 の実測値および使用状況から考えると減磁であることは間違いない．

しかし全体の結果から，実用上の支障はないと判断できることを前もって述べておく．密閉型システムとしての測定結果は次の通りである．

A システム

インピーダンス特性…………… **第5-5-2図**
出力音圧周波数特性（スピーカユニット
中心軸上 50cm）………… **第5-5-3図**

B システム

インピーダンス特性…………… **第5-5-4図**
出力音圧周波数特性（スピーカユニット
中心軸上 50cm）………… **第5-5-5図**

次は位相反転型の設計に移る．まず α の実際値 α_r を求めるのだが，V_{ra} を求める段階において計算済みである．再掲すると，

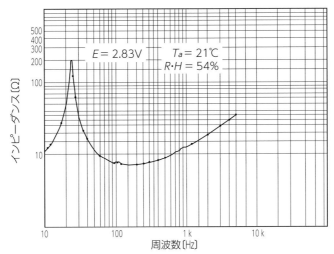

第5-5-2図　密閉型にした TT500 型エンクロージャに取り付けた
　　　　　　 JBL 2235H(A)のインピーダンス特性

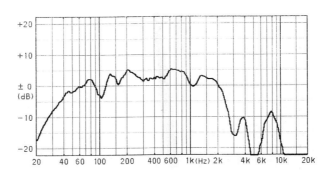

第5-5-3図　密閉型にした TT500 型エンクロージャに取り付けた JBL-2235H(A)の出力音圧
　　　　　　 周波数特性（軸上50cm, T_a = 21℃, $R \cdot H$ = 48％, 0dB=85dB$_{SPL}$(F)）

A システム

$$\alpha_r = \left(\frac{23.7}{17.8}\right)^2 - 1 \fallingdotseq 0.7728$$

B システム

$$\alpha_r = \left(\frac{23.3}{17.7}\right)^2 - 1 \fallingdotseq 0.7329$$

　　両者の差の割合は10％未満である．ゆえに相
加平均する．

$$\alpha_r = (0.7728 + 0.7329) \div 2 \fallingdotseq 0.7529$$

　　チューニング周波数の最適値 f_{ts} と最低値 f_{tl}
は次の通りである．

$$f_{ts} = f_0 \sqrt{\alpha_r}$$
$$= 17.8\sqrt{0.7529} \fallingdotseq 17.7\sqrt{0.7529} \fallingdotseq 15.4 \ [\mathrm{Hz}]$$

$$f_{tl} = 0.7079 f_{ts} \fallingdotseq 0.7079 \times 15.4 \fallingdotseq 10.9 \ [\mathrm{Hz}]$$

　　最高値 f_{th} は，

$$f_{th} = f_0 \sqrt{\alpha_r + 1 - \frac{\alpha_{\min}}{\alpha_r + \alpha_{\min}}}$$
$$= 17.8\sqrt{0.7529 + 1 - \frac{0.7251}{0.7529 + 0.7251}}$$
$$\fallingdotseq 17.7\sqrt{0.7529 + 1 - \frac{0.7251}{0.7529 + 0.7251}}$$
$$\fallingdotseq 20 \ [\mathrm{Hz}]$$

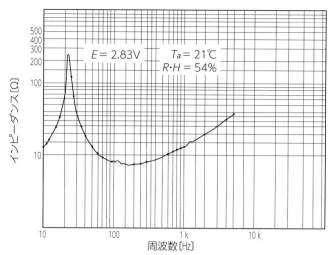

第 5-5-4 図 密閉型にした TT500 型エンクロージャに取り付けた JBL-2235H(B)
のインピーダンス特性

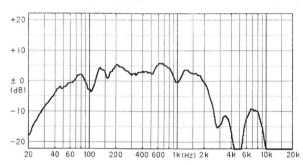

第 5-5-5 図 密閉型にした TT500 型エンクロージャに取り付けた JBL-2235H(B)の出力
音圧周波数特性(軸上 50cm, $T_a = 21$℃, $R \cdot H = 48$%, 0dB=85dB$_{SPL}$(F))

そしてダクト開口面積の適合範囲を求めるの
だが, 等価半径 a はすでに求めてある. 再掲す
ると,

$$a = 0.1685 \ 〔\text{m}〕$$

ゆえに, まず最適値 S_{ds} は (4-3-11)式によっ
て求められる.

$$S_{ds} = \frac{f_{ts}\sqrt{V_{ra}a^3}}{23.679} = \frac{15.4\sqrt{0.6126 \times (0.1685)^3}}{23.679}$$

$$\fallingdotseq 0.0352 \ 〔\text{m}^2〕$$

最大値 S_{dh} は (4-3-14)式によって, 最小値 S_{dl}
は (4-3-15)式によって, それぞれ求められる.

$$S_{dh} = \frac{f_{th}S_{ds}}{f_{ts}} = \frac{20 \times 0.0352}{15.4} \fallingdotseq 0.0457 \ 〔\text{m}^2〕$$

$$S_{dl} = \frac{f_{tl}S_{ds}}{f_{ts}} = \frac{10.9 \times 0.0352}{15.4} \fallingdotseq 0.0249 \ 〔\text{m}^2〕$$

ここで両対数グラフを用意して次の 3 点を直
線で結ぶ.

点($f_{tl} \cdot S_{dl}$) ⋯ (10.9 〔Hz〕・249cm²)
点($f_{ts} \cdot S_{ds}$) ⋯ (15.4 〔Hz〕・352cm²)
点($f_{th} \cdot S_{dh}$) ⋯⋯ (20 〔Hz〕・457cm²)

描いた直線を**第5-5-6図**に示す. この直線が基
準チューニング線であり, すなわちダクト開口
面積の暫定的な最大値を意味する直線である.

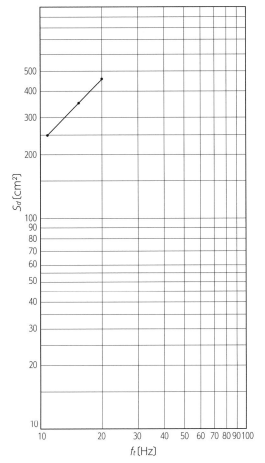

第 5-5--6 図　基準チューニング線

次に最適共鳴線と，最適共鳴と見なすことができる範囲を表す上限線と下限線を描くための数値を求める．他の設計例と同じく V_{rad} が未定であるため，V_r を用いて計算する．

$$V_{rad} \fallingdotseq V_r = 0.513 \ [\mathrm{m^3}]$$

また，先に求めたダクト開口面積の最大値 S_{dh} の等価半径 r は，

$$r = \sqrt{\frac{S_{dh}}{\pi}} = \sqrt{\frac{0.0457}{\pi}} \fallingdotseq 0.1206 \ [\mathrm{m}]$$

である．これらの数値を用いて最適共鳴線および上限線と下限線を描くための最初の点を求める．すなわち S_{dh} 線上における各線に対応する周波数 $f_{ta} \cdot f_{tah} \cdot f_{tal}$ を計算する．

$$f_{ta} = \sqrt{\frac{2990.3 S_{dh}}{5.8552 r V_{rad}}}$$
$$= \sqrt{\frac{2990.3 \times 0.0457}{5.8552 \times 0.1206 \times 0.513}}$$
$$\fallingdotseq 19.4 \ [\mathrm{Hz}]$$

$$f_{tah} = \sqrt{\frac{2990.3 S_{dh}}{4.3914 r V_{rad}}}$$
$$= \sqrt{\frac{2990.3 \times 0.0457}{4.3914 \times 0.1206 \times 0.513}}$$
$$\fallingdotseq 22.4 \ [\mathrm{Hz}]$$

$$f_{tal} = \sqrt{\frac{2990.3 S_{dh}}{7.319 r V_{rad}}}$$
$$= \sqrt{\frac{2990.3 \times 0.0457}{7.319 \times 0.1206 \times 0.513}}$$
$$\fallingdotseq 17.4 \ [\mathrm{Hz}]$$

そして最適共鳴線および上限線と下限線を描くためのもう一方の点，すなわち f_{tl} 線上における各線に対応するダクト開口面積の最小値 S_{dmin} を求めるのだが，その計算は上から順番にそれぞれ次に示す通りである．

$$S_{dmin} = 1.2204 (V_{rad})^2 (f_{tl})^4 \times 10^{-2}$$
$$= 1.2204 \times (0.513)^2 \times (10.9)^4 \times 10^{-2}$$
$$\fallingdotseq 45.3 \ [\mathrm{cm^2}]$$

$$S_{dmin} = 0.6865 (V_{rad})^2 (ftl)^4 \times 10^{-2}$$
$$= 0.6865 \times (0.513)^2 \times (10.9)^4 \times 10^{-2}$$
$$\fallingdotseq 25.5 \ [\mathrm{cm^2}]$$

$$S_{dmin} = 1.9069 (V_{rad})^2 (f_{tl})^4 \times 10^{-2}$$
$$= 1.9069 \times (0.513)^2 \times (10.9)^4 \times 10^{-2}$$
$$\fallingdotseq 70.8 \ [\mathrm{cm^2}]$$

以上の計算結果に基づいて，基準チューニング線を描いた**第5-5-6図**に最適共鳴線および上限線と下限線を重ねて描く．

まず最適共鳴線は下記2点を直線で結ぶ．

点（19.4Hz・0.0457cm²）

点（10.9Hz・45.3cm²）

上限線は下記2点を直線で結ぶ．

点（22.4Hz・0.0457cm²）

点（10.9Hz・25.5cm²）

そして下限線は下記2点を直線で結ぶ．

点（17.4Hz・0.0457cm²）

点（10.9Hz・70.8cm²）

描いた図に，今度はチューニング点の**グッド範囲**と**ベター範囲**を求めるための作図を行う．

まず下限線を見ると，基準チューニング線上の点（f_{ts}・S_{ds}）より右側を通っているので，この下限線とf_{ts}線との交点通り，基準チューニング線と平行な線をf_{tl}線からf_{th}線まで引くと，それがダクト開口面積の最大値を表す線となる．下限線とf_{ts}線との交点はグラフ上で読み取ってもよいが，下記のようにS_{dmid}として計算によって求めることもできる．

$$S_{dmid} = 1.9069(V_{rad})^2 (f_{ts})^4 \times 10^{-2}$$
$$= 1.9069 \times (0.513)^2 \times (15.4)^4 \times 10^{-2}$$
$$\fallingdotseq 282.3 \,(cm^2)$$

次に上限線とf_{ts}線との交点を通り，基準チューニング線と平行な線をf_{tl}線からf_{th}線まで引くと，それがダクト開口面積の最小値を表す線となる．上限線とf_{ts}線との交点は，上述した場合と同じく，計算によって求めることもできる．

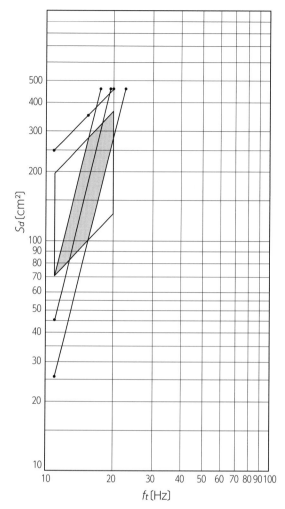

第5-5-7図 チューニング点のグッド範囲（平行四辺形）とベター範囲（網掛け）

$$S_{dmid} = 0.6865(V_{rad})^2 (f_{ts})^4 \times 10^{-2}$$
$$= 0.6865 \times (0.513)^2 \times (15.4)^4 \times 10^{-2}$$
$$\fallingdotseq 13.2 \,(cm^2)$$

これによってできた平行四辺形の中がチューニング点の**グッド範囲**となり，さらにその中の上限線と下限線に囲まれた中がチューニング点の**ベター範囲**となる．以上の結果を示すのが**第5-5-7図**である．

続いてチューニング点のベスト範囲を求める

ための作図を行う．まずグッド範囲内における
最適共鳴線の機械的中点を求め，その点をOと
する．点Oを通り，基準チューニング線と平行
な線を上限線から下限線まで引き，上限線との
交点および下限線との交点それぞれを最適共鳴
線に向かって平行移動する．それによって最適
共鳴線上における点Oの上下に2つの点が求め
られ，その2つの点それぞれの点を通り，基準
チューニング線と平行な線を上限線から下限線
まで引く．この2本の線によってできた平行四
辺形の中がチューニング点の**ベスト範囲**であり，
点Oが最適チューニング点となる．以上の結果
を示すのが**第5-5-8図**である．

さて最後はダクトの設計であるが，その手順
は他の設計例と変わらず，次の通りである．

（1）チューニング点を決める．

この設計例においてはチューニング点を最
適チューニング点Oにしたいので，チューニ
ング周波数は15Hzとし，ダクト開口面積は
160cm^{2}とする．

（2）ダクトの断面形状および全体形状を決める．

無難なところで正方形の曲げダクトとする．

（3）ダクト開口面積を逆算する．

第4-2-2図からK_sを，**第4-3-2図**からK_aを
それぞれ読み取り，逆算する．K_sは0.96，K_a
は0.94とすると

$$S_d = 160 \div 0.96 \div 0.94 \fallingdotseq 177.3 \,(\text{cm}^2)$$

（4）正方形の辺の長さを計算する．

前項で求めた177.3の平方根は約13.3cmで
あるが，余裕をみた，きりのよい数値として
13.5cmとする．

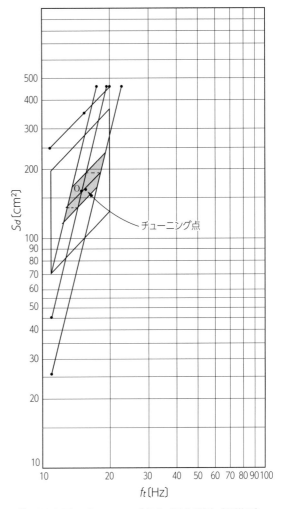

第5-5-8図　チューニング点のベスト範囲（網掛け）

$$S_d = (13.5)^2 \times 0.96 \times 0.94 \fallingdotseq 164.5 \,(\text{cm}^2)$$

（5）等価半径 r を計算する．

$$r = \sqrt{\frac{164.5}{\pi}} \fallingdotseq 7.24 \,(\text{cm})$$

（6）ダクトの機械的長さを計算する．

第4-2-3図からG_sを，**第4-5-1図**からG_aを
それぞれ読み取る．G_aは0.96，G_sは0.85と
する．チューニング点が最適共鳴線上である
ことから**第4-6-1表**の上段の計算式が該当す
るはずであり，下式の通りとなる．単位と位

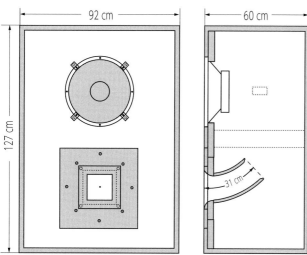

第5-5-9図 ダクトを設けたTT500型エンクロージャの寸法図

取りに注意されたい.

$$L = \frac{29903 \times 164.5}{(15)^2 \times 513} - 2.9276 \times 7.24 \times 0.96 \times 0.85$$

$$\fallingdotseq 42.6 - 17.3 = 25.3 \ [\text{cm}]$$

この設計例の場合,ダクト外側をホーン形状加工したいので,実際の機械的長さは,短縮率を推測して計算値より20％余り長い,31cmとする.

（7）ダクトから見たエンクロージャ実効内容積 V_{rad} を求める.

まずダクト等価体積 V_d を求める.用いる板材の厚さは1.2cmであり,エンクロージャ内部に占めるダクトの機械的長さは前項の計算結果とほぼ同じになるはずである.ゆえに V_d は,

$$V_d = (15.9)^2 \times 25.3 \fallingdotseq 6400 \ [\text{cm}^3]$$

この結果から V_{rad} は,

$$V_{rad} = 0.513 + \frac{0.01645(0.6124 - 0.513)}{0.0892} - 0.0064$$

$$\fallingdotseq 0.5249 \ [\text{m}^3]$$

となる. V_r と V_{rad} との差の割合は約2.3％であり,この設計例の場合も再計算の必要はないといえる.

以上によって設計完了である.**写真5-5-1**は実際に製作したシステムの正面を示す.**第5-5-9図**は他の設計例と同じく,補強材や吸音材を省略して描いた概略図である.

測定の結果,チューニング周波数におけるインピーダンス値が最低インピーダンス値まで下がりきっていない.空気漏れがないことは確認できたので,これは減磁によるものと断定してよいであろう.しかし最低インピーダンス値との差はわずかであり,設計例1と比較しても大差はないことから,この場合も実用上は全く問題ないといえる.

また,仕上がりのチューニング周波数は15.5Hzとなり,設計値より若干高くなった.これはダクト外側のホーン形状加工による実効長の短縮が予想を上回ったためと考えられる.そしてチューニング点は,目標であった最適チューニング点Oに一致させることはできなかったが,**第5-5-8図**に矢印で示した通り,点Oに近い,ほぼ最適チューニングといえるところになったのでよしとする.

完成後の測定結果は次の通りである.

Aシステム
インピーダンス特性‥‥‥‥ **第5-5-10図**
出力音圧周波数特性（スピーカユニット
　中心軸上50cm）‥‥‥‥‥ **第5-5-11図**
ダクト外側端出力音圧周波数特性
　‥‥‥‥‥‥‥‥‥‥‥‥ **第5-5-12図**

Bシステム

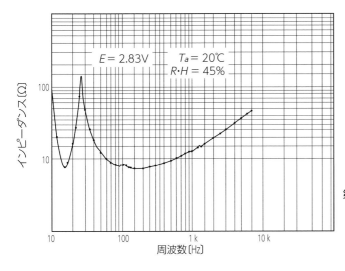

第 5-5-10 図　TT500 型エンクロージャに取り付けた JBL-2235H (A) のインピーダンス特性

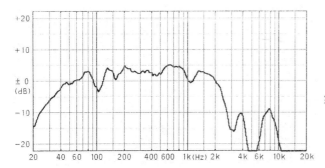

第 5-5-11 図　TT500 型エンクロージャに取り付けた JBL-2235H (A) の出力音圧周波数特性 (軸上 50cm, $T_a = 20$℃, $R \cdot H = 45\%$, 0dB=85dB$_{SPL}$(F))

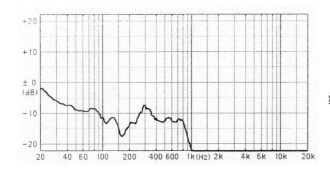

第 5-5-12 図　TT500 型エンクロージャに取り付けた JBL-2235H (A) の出力音圧周波数特性 (ダクト外側端, $T_a = 20$℃, $R \cdot H = 45\%$, 0dB=85dB$_{SPL}$(F))

インピーダンス特性…………　**第5-5-13図**

出力音圧周波数特性（スピーカユニット

　　中心　軸上50cm）…………　**第5-5-14図**

ダクト外側端出力音圧周波数特性

　　………………………………　**第5-5-15図**

　参考までに，この設計例5に示したものを，筆者のオーディオルームにおいて140Hz以下を受け持たせたサブウーファシステムとして使用した再生システムのリスニングポイントにおける音圧周波数特性を**第5-5-16図**に示す．

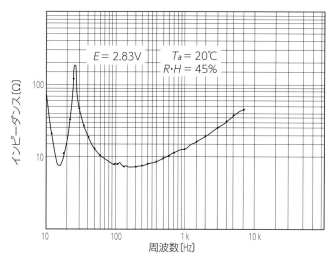

第 5-5-13 図　TT500 型エンクロージャに取り付けた JBL 2235H (B) のインピーダンス特性

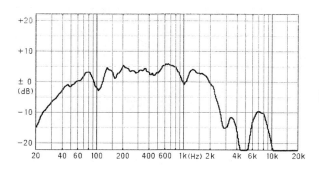

第 5-5-14 図　TT500 型エンクロージャに取り付けた JBL 2235H (B) の出力音圧周波数特性（軸上 50cm, T_a = 20℃, $R \cdot H$ = 45%, 0dB=85dB$_{SPL}$(F)）

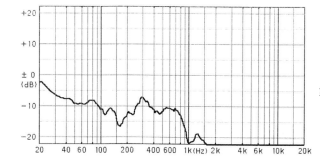

第 5-5-15 図　TT500 型エンクロージャに取り付けた JBL 2235H (B) の出力音圧周波数特性（ダクト外側端, T_a = 20℃, $R \cdot H$ = 45%, 0dB=85dB$_{SPL}$(F)）

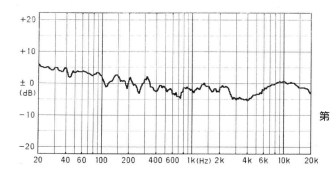

第 5-5-16 図　TT500 型エンクロージャをサブウーファに使用したシステムの出力音圧周波数特性（リスニングポイント）

あとがき

　1995年，理論的に納得できる正しい位相反転型サブウーファシステムを設計製作したいという単純な願望に基づき，エンクロージャに関して普遍性のある理論設計法が具体的に書かれた書物を探し始めた．インターネット上での検索はもとより，専門書がそろっているとされる複数の図書館を巡ったりしたのだが，見つけることはできなかった．そこで1997年，密閉型および位相反転型エンクロージャの設計法に特化した内容のものであれば自分で書けるのではないかと思い立ち，執筆を始めたのだが，それは予想していたこととはいえ，簡単なことではなかった．

　一般論として，何かひとつの物事を究めようとすると，否応なく関連するあらゆる分野に知見を広める必要が生ずる．筆者は長年，電子工作を趣味にし，電気工事を生業にしてきたことから電気に関しては若干の知識と技術を持ち合わせているのだが，本書執筆に当たっては音響工学はいうまでもなく，生理学や心理学の書物にまで手を伸ばすことになり，しかも仕事の合間に執筆しなければならなかったことから，初版刊行までに11年，さらに本改訂版刊行までに12年という長い時間を要することになってしまった．

　しかしそれは音響工学の世界に知見を広めるために必要な時間であったとも思っている．その間，多くの実験や測定を繰り返したことは言うまでもない．その結果としての本改訂版は，まえがきにも書いた通り，普遍性を持つ画期的な実用書であると自負している．

　本書によって位相反転型エンクロージャの動作原理が正しく理解できれば，唯一実用になる低音再生用エンクロージャとして，それは高い普遍性を持ち，基本構造は変えようがないということも理解できるはずである．

　遅まきながら，初版の打ち合わせから本改訂版刊行に至るまで長期間にわたり，誠文堂新光社の渡辺真人氏には大変お世話になり，厚くお礼を申し上げる次第である．また，初版の編集を担当していただいた故・川名昭治氏に感謝の意を表するとともに，神戸市在住のT氏には重要なご教示をいただいたことをここに記し，感謝の意としたい．

　なお，本書の設計例1および5において用いたエンクロージャは，2010年2月に逝去された田口昭雄氏が所有していたものである．田口氏には長年友人として懇意にしていただいた経緯から，氏の生前の意向に寄り添い，ご遺族の了承を得た上で引き取らせていただき，そして活用させていただいた．

　最後になったが，田口昭雄氏に改めて感謝の意を表するとともに，ご冥福を祈り，筆を置く．

2020年2月　田中 和成

〔著者略歴〕

田中 和成（たなか かずしげ）

1947年，横浜市港北区（現・緑区）生まれ.
1958年にゲルマニウムラジオを組み立てた
のをきっかけに，電気の世界に興味を持つ.
電気工事業「進成電気商会」代表. 日本音響
学会員. アマチュア無線のコールサインは
JA1XUD.

永久保存版 低音再生のための手引き

改訂版 位相反転型 エンクロージャの設計法

2020 年 3 月 15 日　発　行　　　　　　　　　　　　NDC548

著　者　田中 和成
発行者　小川雄一
発行所　株式会社 誠文堂新光社
　　　　〒 113-0033 東京都文京区本郷 3-3-11
　　　　［編集］電話 03-5800-5779
　　　　［販売］電話 03-5800-5780
　　　　https://www.seibundo-shinkosha.net/
印　刷　広研印刷 株式会社
製　本　和光堂 株式会社

ISBN978-4-416-91774-9